国家级精品资源共享课配套教材

国际工程教育认证系列教材

化工原理实验

史贤林　张秋香　周文勇　孙 浩　编

化学工业出版社

·北京·

《化工原理实验》以处理化学工程实际问题的实验研究方法为主线，着重于理论联系实际，强调研究方法和工程观念的培养，实用与理论兼顾。全书内容包括绪论、处理工程问题的实验研究方法论、实验规划与流程设计、实验误差分析与实验数据处理、化工测量技术及常用仪表和基础实验。基础实验一章包括流体流动阻力测定、离心泵特性曲线测定、过滤常数测定、对流给热系数测定、吸收塔的操作及吸收传质系数测定、精馏塔的操作与全塔效率测定、萃取塔的操作与萃取传质单元高度测定、干燥速率曲线测定。此外，还介绍一些选修实验与演示实验。

《化工原理实验》可作为高等学校化学工程与工艺及相关专业的实验教材，也可供化工、材料、环境、生物工程、医药、机械、自动化信息控制等领域从事研究、设计与生产的工程技术人员参考。

图书在版编目（CIP）数据

化工原理实验/史贤林等编．—北京：化学工业出版社，2019.2

国际工程教育认证系列教材

ISBN 978-7-122-33409-1

Ⅰ.①化… Ⅱ.①史… Ⅲ.①化工原理-实验-教材 Ⅳ.①TQ02-33

中国版本图书馆 CIP 数据核字（2018）第 283183 号

责任编辑：徐雅妮　杜进祥　　　　文字编辑：马泽林

责任校对：杜杏然　　　　装帧设计：关　飞

出版发行：化学工业出版社（北京市东城区青年湖南街 13 号　邮政编码 100011）

印　　刷：北京京华铭诚工贸有限公司

装　　订：三河市振勇印装有限公司

787mm×1092mm　1/16　印张 9¼　字数 232 千字　　2019 年 3 月北京第 1 版第 1 次印刷

购书咨询：010-64518888　　　　售后服务：010-64518899

网　　址：http://www.cip.com.cn

凡购买本书，如有缺损质量问题，本社销售中心负责调换。

定　　价：29.00 元

前言

《化工原理实验》是与陈敏恒等编写的《化工原理》（第四版，上下册）配套的实验教材，同时也是“化工原理国家级精品资源共享课”配套教材。

化工原理实验属于化学工程学科，不同于基础理论课程如物理学、化学、电子学等课程的实验，所涉及的研究对象均是复杂的化工过程实际问题，因而在处理问题的研究方法上具有鲜明的工程特点。

在化学工程学科长期的发展过程中，已形成了一系列研究处理工程实际问题的有效方法，而这些方法正是化学工程学科基础理论的精华。为此，本书以处理工程实际问题的实验研究方法论作为主线贯穿始终，着重于培养学生的理论联系实际能力和正确的工程观念，这也是本书与国内同类教材的最大不同之处。在使用本书进行教学的过程中，可以以单元实验内容作为载体，有机地穿插介绍这些过程研究方法的应用。例如，结合流体力学实验着重介绍量纲分析理论为指导的相似放大（也称经验放大）方法；结合过滤实验介绍数学模型研究方法；结合传热实验、吸收实验等介绍过程分解与合成的研究方法等。此外，本书还结合各相关实验介绍了一些特殊的实验技术，如吸收实验中的简易恒压装置；吸收、精馏实验中的液封操作等。

本书遵循化工原理理论教材的内容顺序，概括了大部分的化工单元操作实验。在编写过程中，除了仍然以单元操作的过程研究和设备研究作为重点内容外，还特别注意加强学生的实验组织（规划）能力和流程设计能力，以培养学生的综合工程素质。

随着科学技术的飞速发展，新技术、新设备、新仪器不断涌现，教材的更新补充速度往往不及新技术发展的速度。因此，虽然在书中尽量向读者介绍了一些实用的新技术和新设备，但仍然着重于基本化工原理和基本概念的讲述，以期加强学生基础知识的掌握和基本观念的养成，从而能够在以后的工作中举一反三，触类旁通。

此外，随着化学工程学科国际交流的深入，化工安全意识是接轨 ABET 国际认证的重要指标之一，为此，本书还介绍了有关化工安全方面的必要知识。

本书由史贤林、张秋香、周文勇、孙浩等编写，华东理工大学化工原理教学中心教师参与了讨论与部分内容编写。其中绪论和第 1～3 章、第 6 章及第 5 章实验 3 由史贤林执笔；第 5 章实验4～6 和插图由张秋香执笔和绘制；第 5 章实验 1、2、8 和第 7 章由周文勇执笔；第 5 章实验 7 和附录由孙浩执笔。此外，谢佑国参与编写了第 4 章，齐鸣斋编写了第 5 章实验 11。

须特别申明，本教材得以成书，皆赖于华东理工大学化学工程专业的前辈们几十年的研究基础，是华东理工大学化工原理教学中心的同事们集体教学研究成果的结晶，同时在编写过程中，也借鉴了国内各兄弟院校同类教材的编写经验，在此一并表示感谢。

由于编者水平有限，书中难免有疏漏之处，恳请读者批评指正。

编者

2019 年 1 月

目录

绪　论

0.1 化工原理实验课程的特点和重要性

化工原理和化工原理实验是化学工程与工艺专业的主干专业基础课程，也是材料、环境、生工、食品、医药、机械、自动化信息控制等其他诸多相关专业的主要课程之一。化工原理（又称单元操作）实验属于工程实验范畴，它是用自然科学的基本原理和工程实验方法来解决化工及相关领域的工程实际问题。化工原理实验的研究对象和研究方法与物理、化学等基础学科有明显不同。在基础学科中，较多的是以理想化的、简单的过程或模型作为研究对象，如物体在真空中的自由落体运动、理想气体的行为等，研究的方法也是基于理想过程或模型的严密数学推理方法。而工程实验则以实际工程问题为研究对象。对于化学工程问题，由于被加工的物料千变万化，设备大小和形状相差悬殊，涉及的变量繁多，实验研究的工作量之大之难是可想而知的。因此，面对实际的工程问题，需要人们采用不同于基础学科的实验研究方法，即处理实际问题的工程实验方法。**化工原理实验就是一门以处理工程问题的方法论指导人们研究和处理实际化工过程问题的实验课程。**

化工原理课程的教学在于指导学生掌握各种化工单元操作的基础理论、工程知识和计算方法，但仅有这些是远远不够的。由于化工过程问题的复杂性，有许多工程因素的影响仅从理论上是难以解释清楚的，或者虽然能从理论上做出定性的分析，但难以给出定量的描述，特别是有些重要的设计或操作参数，根本无法从理论上计算，必须通过必要的实验加以确定或获取。对于初步接触化工单元操作的学生或有关工程技术人员，更有必要通过实验来加深对有关过程及设备的认识和理解。因此，化工原理实验在化工原理教学过程中占有不可替代的重要地位和作用。

0.2 化工原理实验课程的研究内容

一个化工过程通常是由若干单元过程和设备组成，为了进行完善的设计和有效的操作，化学工程师必须掌握并正确判断有关设计或操作参数的可靠性，必须准确了解并把握设备的特性。对于物性数据，文献中已有大量发表的数据可供直接使用；设备的结构性能参数大多可从厂商提供的样本中获取。但还有许多重要的工艺参数，不能从文献中查取，或文献中虽有记载，但由于操作条件的变化，这些参数的可靠性难以确定。此外，化工过程的影响因素众多，有些重要工程因素的影响尚难以从理论上解释，还有些关键的设备特性和过程参数往往不能由理论计算而得。所有这些，都必须通过实验加以解决。因此，采取有效的实验研究方法，组织必要的实验以测取这些参数，或通过实验来加深理解基础理论知识的应用，掌握某些工程观点，把握某些工程因素对操作过程的影响，了解单元设备的操作特性，不仅十分重要而且是十分必要的。

为了适应不同层次、不同专业的教学要求，本书共编写了 12 个典型的化工单元操作实验，即流体流动阻力测定实验、离心泵特性曲线测定实验、过滤常数测定实验、对流给热系数测定实验、吸收塔的操作及吸收传质系数测定实验、精馏塔的操作与全塔效率测定实验、萃取塔的操作与萃取传质单元高度测定实验、干燥速率曲线测定实验、流量计流量校正实验、填料塔流体力学特性测定实验、吸附等温线与透过曲线测定实验、精馏过程的计算机模拟实验。此外，书中也编写了雷诺实验、流体机械能守恒与转化（伯努利）实验、离心泵汽蚀现象演示实验和板式塔流体力学现象演示实验 4 个经典的演示实验。从教学目的和教学侧重点来看，上述实验内容大致可分为四类：前四个实验强调工程实验方法论的教学，中间四个实验侧重于过程的操作分析，后四个实验可归属于研究型实验，由于受教学时数的限制，一些经典的演示实验已不再作为教学重点，故归纳编入最后一章。

表 0-1 中归纳了化工原理实验课程中在化工上应用较普遍的化工单元操作的研究内容。

表 0-1 化工原理实验课程中研究的化工单元过程问题及过程参数

单元操作	研究的化工单元过程问题及过程参数	实验参数的关联
流体输送	研究的问题：流体阻力，管路粗糙度 过程参数：摩擦系数 工程方法：量纲分析方法 工程知识点：流体阻力，机械能衡算	$\lambda=f(Re,\varepsilon/d)$ $h_f=\lambda\frac{l}{d}\frac{u^2}{2}$ $h_p=\zeta\frac{u^2}{2}$
流体输送机械（离心泵）	研究的问题：离心泵特性，离心泵操作 过程参数：扬程，功率，效率 工程方法：直接实验方法，过程分解方法 工程知识点：离心泵特性，机械能衡算，离心泵工作点，泵的流量调节	$H=f_1(Q)$ $N=f_2(Q)$ $\eta=f_3(Q)$
过滤	研究的问题：过滤速率，过滤介质 过程参数：过滤常数 研究方法：数学模型方法，参数综合方法 工程知识点：过滤速率，过滤推动力与阻力	K, q_e
加热或冷却	研究的问题：对流传热系数 过程参数：传热系数 工程方法：量纲分析方法，过程分解与合成方法 工程知识点：传热速率，传热推动力与阻力，能量衡算	$Nu=f(Re,Pr)$ $Q=KA\Delta t_m$ $\frac{1}{KA}=\frac{1}{\alpha_0 A_0}+\frac{1}{\alpha_i A_i}+\frac{\delta}{\lambda A_m}$
吸收	研究的问题：吸收传质速率，吸收塔操作 过程参数：吸收传质系数或传质阻力 工程方法：过程分解与合成方法，变量分离方法，参数综合方法 工程知识点：物料衡算，传质速率，传质推动力与阻力，吸收剂三要素	$N_A=K_ya\Delta y_m V$ $\frac{1}{K_ya}=\frac{1}{K_ya}+\frac{m}{k_xa}$
精馏	研究的问题：精馏塔效率，精馏塔的操作 过程参数：效率 η，回流比 R，灵敏板温度，塔釜压力 工程方法：变量分离方法 工程知识点：物料衡算与采出率，塔板流体力学，精馏塔效率，精馏塔操作	$N=N_e/\eta$
萃取	研究的问题：萃取传质速率，萃取塔的操作 过程参数：传质单元高度，外加能量 工程方法：变量分离方法 工程知识点：萃取过程特点，外加能量，传质速率	$H=H_{OE}N_{OE}$ $H_{OE}=f(v)$

续表

单元操作	研究的化工单元过程问题及过程参数	实验参数的关联
干燥	研究的问题：干燥速率 过程参数：临界含水率，平衡含水率 工程方法：直接实验方法 工程知识点：干燥过程特点，干燥速率	$t=f_1(\tau), c=f_2(\tau)$ $\mathrm{d}N/\mathrm{d}\tau=f_3(\tau)$
吸附	研究的问题：吸附速率，吸附穿透曲线 过程参数：吸附平衡容量，传质系数，穿透点 工程方法：数学模型方法 工程知识点：吸附平衡，吸附穿透曲线	$x=x_m\dfrac{k_Lc}{1+k_Lc}$

按照化工与制药教学质量国家标准，化工原理实验课时为40～60学时，大致可安排6～8个不同类型的实验内容。针对不同层次、不同专业的教学对象，可对实验教学内容进行灵活的组合调整。

0.3 化工原理实验教学方法及基本要求

面对科学技术的迅猛发展，培养大批具有创新思维和创新能力的高素质人才是时代对于高等学校的要求。对于化工及相关专业的学生，在掌握了必要的理论知识的基础上，还**必须具备一定的原创开发实验研究能力，这些能力包括：对于过程有重要影响的工程因素的分析和判断能力；实验方案和实验流程的设计能力；进行实验操作、观察和分析实验现象的能力；正确选择和使用有关设备和测量仪表的能力；根据实验原始数据进行必要的数据处理以获得实验结果的能力；正确撰写实验研究报告的能力等。**

只有掌握了扎实的基础理论知识并具备实验研究的综合能力，才能为将来独立地开展科研实验或进行过程开发打下坚实的基础。

0.3.1 化工原理实验课程的教学方法

化工原理实验课程由以下几个教学环节组成，即实验理论课（又称实验预习课）教学、撰写预习报告、实验前提问、实验操作、撰写实验研究报告、实验成绩考核。实验理论课主要阐明实验方法论、实验基本原理、实验方案和流程设计、测试技术及仪表的选择和使用方法、典型化工设备的操作、实验操作的要点和数据处理注意事项等内容。实验前提问是为了检查学生对实验内容的准备程度。实验操作是整个实验教学中最重要的环节，要求学生在该过程中能正确操作，认真观察实验现象，严肃记录实验数据，并在实验结束后用计算机对实验数据进行处理，检查核对实验结果。实验研究报告应独立完成，并按标准的科研报告形式撰写。实验成绩考核以平时实验课综合表现为主，包括预习报告成绩、实验操作成绩和最终实验报告成绩。为了检查学生的独立学习情况和对所学知识的掌握程度，还可以视具体情况增加卷面考试（水平测试）。

0.3.2 化工原理实验教学基本要求

(1) 掌握处理工程问题的实验研究方法

化工原理实验课程中以有效处理工程问题的实验研究方法论为主线，正确掌握并灵活运用这些研究方法，对于培养学生的工程实践能力和过程研究开发能力是很有帮助的。在教学过程中应结合具体实验内容重点介绍有关工程研究方法的应用。

(2) 熟悉化工数据的基本测试和仪表的选型及应用

化工数据包括物性参数（如密度、黏度、比热容等）、操作参数（如流量、温度、压力、浓度等）、设备结构参数（如管径、管长等）和设备特性参数（如阻力系数、传热系数、传质系数、功率、效率等）等数据。物性参数可从文献或有关手册中直接查取，设备特性参数一般要通过数据的计算整理而得到。而操作参数则需在实验过程中采用相应的测试仪表测取。学生应熟悉化工基本测试技术及仪表的使用方法，如传感器技术、热电偶技术、流量计、温度计、压力表的使用等。

(3) 熟悉并掌握化工典型单元设备的操作

化工原理实验装置在基本结构和操作原理方面与化工生产装置基本是相同的，所处理的问题也是化工过程的实际问题，学生应重视实验中设备的操作，通过操作了解有关影响过程的参数和装置的特性，并能根据实验现象调整操作参数，根据实验结果预测某些参数的变化对设备性能的影响。

(4) 掌握实验规划和流程设计的方法

正确地规划实验方案对于实验顺利开展并取得成功是十分重要的，学生要根据实验理论课的学习和有关实验规划设计理论知识，正确地制订详细可行的实验方案，并能正确设计实验流程，其中，特别要注意的是测试点（如流量、压力、温度、浓度等）和控制点的配置。

(5) 严肃记录原始数据，熟悉并掌握实验数据的处理方法

在实验过程中，学生应认真观察和分析实验现象，严肃记录原始实验数据，培养严肃认真的科学研究态度。要熟悉并掌握实验数据的常用处理方法，根据有关基础理论知识分析和解释实验现象，并根据实验结果总结归纳过程的特点或规律。

0.4 实验报告的撰写格式及要求

化工原理实验报告中应包括下述基本内容：

① 实验目的；

② 实验内容；

③ 实验基本原理；

④ 实验（设计）方案；

⑤ 实验装置及流程（图）；

⑥ 原始数据记录；

⑦ 实验数据处理结果；

⑧ 实验结果分析与讨论。

在教学过程中，为了培养学生严肃认真的学习态度和一丝不苟的科学作风，可将实验报告分为两部分来撰写。第一部分为预习报告，包括上述①～⑥项内容。其中，第⑥项内容中只要求列出原始数据表格。实验预习报告应在实验操作前交给指导教师审阅，审阅通过后方能参加实验。学生在实验中将获得的数据填入原始数据表格，并在实验结束后完成实验报告的其余内容。

要强调的是，对于所开设的实验都配有计算机数据处理程序，学生在撰写实验数据处理部分内容时，除了要将计算机的处理结果全部附上外，还应有一组手算的计算过程示例。

第 1 章

处理工程问题的实验研究方法论

前面提及，对化学工程问题实验研究的困难在于所涉及的物料千变万化，如物质、组成、相态、温度、压力均可能有所不同，设备形状尺寸相差悬殊，变量众多，如采用通常的实验研究方法，必须遍及所有的流体和一切可能的设备几何尺寸，其浩繁的实验工作量和实验难度是人们难以承受的。一般说来，若过程所涉及的变量为 n，每个变量改变的次数（即水平数）为 m，则所需的实验次数（i）为

$$i=m^n \tag{1-1}$$

以流体流动阻力实验为例：影响流体阻力 h_f 的变量有流体的密度 ρ、黏度 μ、管路直径 d、管长 l、管道壁面的粗糙度 ε、流速 u 6 个变量，即

$$h_f=f(u、d、l、\varepsilon、\rho、\mu)$$

如果按一般的网格法组织实验，若每个变量改变 10 个水平，则实验的次数将达 10^6 之多。这样的实验必是旷时日久，费时费钱的。例如，为改变 ρ、μ 必须选用多种流体物料；为改变 d、l、ε 必须建设不同的实验装置。此外，设备参数和操作变量容易调节，物性参数有相互关联性，任何物性很难仅仅调节其中某一个参数。如为了考察 ρ 的影响而保持 μ 不变，一般做不到。

因此，针对工程实验的特殊性，必须采用有效的工程实验方法，才能达到事半功倍的效果。在化学工程基础理论的发展过程中，已形成了一系列行之有效的实验方法理论，**在这些理论指导下的实验研究方法具有两个功效：一是能够“由此及彼”，二是可以“由小见大”**，即借助于模拟物料（如空气、水、黄沙等）在实验室规模的小设备中，经有限的实验并加以理性的推断，从而得出工业过程的规律。**这种在实验物料上能做到“由此及彼”、在设备上能“由小见大”的实验方法理论，正是化学工程基础理论精华的根本所在。**

本章将介绍在处理化工过程实际问题中采用的一些实验研究方法，包括：量纲理论指导下的实验研究方法、数学模拟方法、过程分解与合成方法、过程变量分离方法，参数综合方法。

1.1 量纲理论指导下的实验研究方法

本节将阐述以量纲理论为指导的实验组织方法，以及基于量纲理论的“相似放大”方法，这也是将实验室的研究结果直接用于工业装置设计的所谓“经验放大”的主要理论基础。本节还通过典型事例详细介绍了这一方法在解决工程实际问题中的应用。

1.1.1 问题的提出

在化工过程中，当对某一单元操作过程的机理没有足够的了解，且过程所涉及的变量较多时，人们可以暂时撇开对过程内部真实情况的剖析而将其作为一个“黑箱”，通过实验研究外部条件（输入）与过程结果（输出）之间的关系及其动态特征，以掌握该过程的规律，并据此探索过程的内部结构和机理。在实验研究方法理论中，这种方法也称为“黑箱”法。

如上所述，流体湍流流动过程可用图 1-1 所示的“黑箱模型”表示。

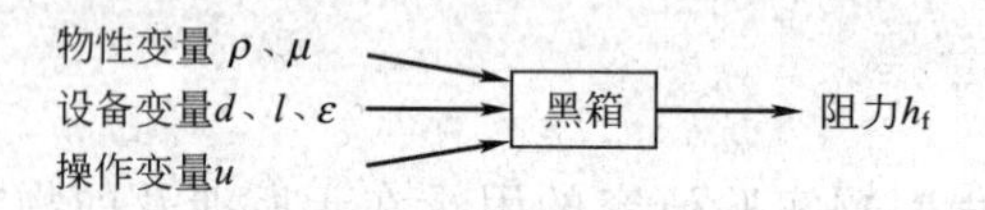

图 1-1 研究流体湍流流动阻力的“黑箱模型”

实验研究的任务是要找出 $h_f=f(u、d、l、\varepsilon、\rho、\mu)$ 的函数形式并确定关联式中的有关参数。

在“黑箱”法中，过程的输入变量必须是可控的，过程的输出结果必须是可测的。然而，正如前面所讲，用直接实验方法研究流体流动阻力将面临实验工作量很大和实验难以组织（例如无法分别改变 ρ、μ）的困难，而量纲分析理论指导下的实验研究方法则可以轻而易举地解决这种困难，并能达到“由此及彼”“由小见大”的功效。

1.1.2 量纲分析理论

1.1.2.1 几个基本概念

(1) 基本物理量，导出物理量

流体流动问题在物理上属于力学领域问题，在力学领域中，通常规定长度 l、时间 t 和质量 m 这三个物理量为基本物理量，其他力学物理量，如速度 u、压力 p 等可以通过相应的物理定义或定律导出，称为导出物理量。

(2) 量纲、基本量纲、导出量纲、量纲-特征数（量纲-数群）

量纲（又称因次，英文名称 Dimension）是物理量的表示符号，如以 [L]、[T]、[M] 分别表示长度、时间和质量，则 [L]、[T]、[M] 分别称为长度、时间和质量的量纲。

基本量纲 基本物理量的量纲称为基本量纲，力学体系中习惯上规定 [L]、[T]、[M] 为三个基本量纲。

导出量纲 顾名思义，导出物理量的量纲称为导出量纲，导出量纲可根据物理定义或定律由基本量纲组合表示，例如：

速度 u，$u=l/t$，其导出量纲为$[u]=[L]/[T]=[LT^{-1}]$

加速度 a，$a=l/t^2$，其导出量纲为$[a]=[L]/[T^2]=[LT^{-2}]$

力 F，$F=ma$，其导出量纲为$[F]=[M][L]/[T^2]=[MLT^{-2}]$

压力 p 或应力 σ，p 或 $\sigma=F/A$，其导出量纲为 $[P]=[MLT^{-2}]/[L^2]=[ML^{-1}T^{-2}]$

黏度 μ，$\mu=\sigma\dfrac{du}{dR}$，其导出量纲为 $[\mu]=[ML^{-1}T^{-2}]\Big/\dfrac{[LT^{-1}]}{[L]}=[ML^{-1}T^{-1}]$

密度 ρ，$\rho=m/l^3$，其导出量纲为 $[\rho]=[M/L^3]=[ML^{-3}]$

量纲-特征数　又称量纲-数群，由若干个物理量可以组合得到一个复合物理量，组合的结果是该复合物理量关于基本量纲的指数均为零，则称该复合物理量为量纲-特征数，或称量纲-数群。如流体力学中的雷诺数

$$Re=du\rho/\mu$$

$$[Re]=\frac{[d][u][\rho]}{[\mu]}=\frac{[L][LT^{-1}][ML^{-3}]}{[ML^{-1}T^{-1}]}=[M^0L^0T^0]=[1]$$

1.1.2.2　重要定理

(1) 物理方程的量纲一致性定理

对于任何一个完整的物理方程，不但方程两边的数值要相等，等式两边的量纲也必须一致。此即为物理方程的量纲一致性定理或称量纲一致性原则。物理方程的量纲一致性原则是量纲分析方法的重要理论基础。

如物理学中的自由落体运动公式

$$S=u_0t+\frac{1}{2}gt^2$$

等式左边 S 表示自由落体的距离，其量纲为 $[L]$，等式右边的量纲为 $[LT^{-1}][T]+[LT^{-2}][T^2]=[L]$，可见，方程两边的量纲是一致的。

此外，在化学工程中还广泛应用着一些经验公式，这些公式两边的量纲未必一致，在具体应用时应特别注意其中各物理量的单位和公式的应用范围。

(2) π 定理 (Buckingham 定理)

如果在某一物理过程中共有 n 个变量 $x_1,x_2,\cdots,x_n$，则它们之间的关系原则上可用以下函数式表示

$$f_1(x_1,x_2,\cdots,x_n)=0 \tag{1-2}$$

如若规定了 m 个基本变量，则根据量纲一致性原则可将这些物理量组合成 $n-m$ 个量纲-特征数 $\pi_1,\pi_2,\cdots,\pi_{n-m}$，则这些物理量之间的函数关系可用如下所示的 $n-m$ 个量纲-特征数之间的函数关系来表示

$$f_2(\pi_1,\pi_2,\cdots,\pi_{n-m})=0 \tag{1-3}$$

此即为 Buckingham 的 π 定理。π 定理可以从数学上得到证明。

在应用 π 定理时，基本变量的选择要遵循以下原则：

① 基本变量的数目要与基本量纲的数目相等。

② 每一个基本量纲必须至少在此 m 个基本变量之一中出现。

③ 此 m 个基本变量的任何组合均不能构成量纲-特征数。

(3) 相似定理

① 相似的物理现象具有数值相等的相似特征数（即量纲-特征数）。

② 任何物理现象的诸变量之间的关系，均可表示成相似特征数之间的函数。

③ 当诸物理现象的等值条件（即约束条件）相似，而且由单值条件所构成的决定性特征数的数值相等时，这些现象就相似。

以上也称为相似三定理。需要说明的是，相似特征数有决定性和非决定性之分，决定性

特征数由单值条件所组成，若特征数中含有待求的变量，则该特征数即为非决定性特征数。

特征数函数最终是何种形式，量纲分析方法无法给出。基于大量的工程经验，最为简便的方法是采用幂函数的形式，例如，流体流动阻力的量纲-特征数关联式的形式为

$$E_u = CRe^a \left(\frac{l}{d}\right)^b$$

其中，$E_u = \frac{\Delta p}{\rho u^2}$，称为欧拉特征数；

$Re = \frac{du\rho}{\mu}$，称为雷诺特征数或流体运动特征数；

$\frac{l}{d}$，称为几何特征数或几何相似特征数。

式中，常数 C 和指数 a，b 均为待定系数，须由实验数据拟合确定。

设有两种不同的流体在大小长短不同的两根圆管中作稳定流动，且知此两种流动现象彼此相似。若令 A 和 B 分别表示这两种现象，则按相似第一定理，有

$$\left(\frac{du\rho}{\mu}\right)_A = \left(\frac{du\rho}{\mu}\right)_B$$

$$\left(\frac{l}{d}\right)_A = \left(\frac{l}{d}\right)_B$$

$$\left(\frac{\Delta p}{\rho u^2}\right)_A = \left(\frac{\Delta p}{\rho u^2}\right)_B$$

反之，对于流动现象 A 和 B，可分别以特征数函数式表示

$$E_{UA} = f_A\left[Re_A, \left(\frac{l}{d}\right)_A\right]$$

$$E_{UB} = f_B\left[Re_B, \left(\frac{l}{d}\right)_B\right]$$

若

$$Re_A = Re_B, \left(\frac{l}{d}\right)_A = \left(\frac{l}{d}\right)_B$$

依相似第三定律，则 A 和 B 必为相似现象，且有

$$E_{UA} = E_{UB}$$

相似定理在没有化学变化的化工工艺过程和装置的放大设计中有重要的作用，是工业装置经验放大设计的重要依据。

1.1.3 量纲分析方法

利用量纲分析理论建立变量的量纲-特征数函数关系的一般步骤如下：

① 变量分析　通过对过程的分析，从三个方面找出对物理过程有影响的所有变量，即物性变量、设备特征变量、操作变量，加上一个因变量，设共有 n 个变量 $x_1, x_2, \cdots, x_n$，写出一般函数关系式

$$F_1(x_1, x_2, \cdots, x_n) = 0$$

② 指定 m 个基本量纲，对于流体力学问题，习惯上指定 [M]、[L]、[T] 为基本量纲，即 $m=3$。

③ 根据基本量纲写出所有各基本物理量和导出物理量的量纲。

④ 在 n 个变量中选定 m 个基本变量。

⑤ 根据 π 定理，列写出 $n-m$ 个量纲-特征数

$$\pi_i = x_i x_A^a x_B^b x_C^c \quad (i=1,2,\cdots,n-m, i \neq A \neq B \neq C)$$

式中，x_A, x_B, x_C——选定的 $m(m=3)$ 个基本变量；x_i——除去 x_A、x_B、x_C 之后所余下的 $(n-m)$ 个变量中之任何一个；a, b, c——待定指数。

⑥ 将各变量的量纲代入量纲-特征数表达式，依照量纲一致性原则，可以列出各量纲-特征数的关于各基本量纲的指数的线性方程组，求解这 $n-m$ 个线性方程组，可求得各量纲-特征数中的待定系数 a, b, c，从而得到各量纲-特征数的具体表达式。

⑦ 将原来几个变量间的关系式 $f_1(x_1, x_2, \cdots, x_n)=0$ 改为以 $(n-m)$ 个量纲-特征数之间的函数关系表达

$$F_2(\pi_1, \pi_2, \cdots, \pi_{n-m})=0$$

以函数 F_2 中的量纲-特征数作为新的变量组织实验，通过对实验数据的拟合求得函数 F_2 的具体形式。

由此可以看到，利用量纲分析方法可将 n 个变量之间的关系转变为 $n-m$ 个新的复合变量（即量纲-特征数）之间的关系。这在通过实验处理工程实际问题时，不但可使实验变量的数目减少，使实验工作量大幅度降低，而且还可通过变量之间关系的改变使原来难以进行或根本无法进行的实验得以容易实现。因此，**把通过量纲分析理论指导组织实施实验的研究方法称为量纲理论指导下的实验研究方法。**

1.1.4 量纲分析方法和相似放大方法应用举例

【例 1-1】 有一空气管路直径为 300mm，管路内安装一孔径为 150mm 的孔板，管内空气的温度为 200℃，压力为常压，最大气速 10m/s，试估计空气通过孔板的阻力损失为多少？

为了测定工业高温空气管路中孔板在最大气速下的阻力损失，可在实验室中采用直径为 30mm 的水管进行模拟实验。现在需要解决的问题是：①在实验装置管路中模拟孔板的孔径应为多大？②若实验水温为 20℃，则水的流速应为多少才能使实验结果与工业情况相吻合？③如实验测得模拟孔板的阻力损失为 20mmHg，那么工业管路中孔板的阻力损失为多少？

下面采用量纲分析方法和相似放大方法解决这一工程问题。

解：

(1) 变量分析

根据有关流体力学的基础理论知识，按物性变量、设备特征尺寸变量和操作变量三大类找出影响孔板阻力 h_f 的所有变量。物性变量：流体密度 ρ、黏度 μ；设备特征尺寸变量：管径 d、孔板孔径 d_0；操作变量：流体流速 u；因变量：流体流动阻力 h_f。

应说明的是，流体的温度亦是一操作变量，但温度的影响已隐含在流体的物性中（ρ、μ 均为温度的函数），因而不再将温度视为独立变量，在变量分析时不再计入。

因此 $$h_f = f(\rho、\mu、d、d_0、u)$$

或 $$f' = (h_f、\rho、\mu、d、d_0、u) = 0$$

(2) 指定 m 个基本量纲

基本量纲为 [M]、[L]、[T]，故 $m=3$。

（3）根据基本量纲写出各变量的量纲

变量	h_f	ρ	μ	d	d_0	u
量纲	$[L^2T^{-2}]$	$[ML^{-3}]$	$[ML^{-1}T^{-1}]$	$[L]$	$[L]$	$[LT^{-1}]$

（4）在 n 个变量中选定 m 个基本变量

总变量数 $n=6$，$m=3$，可选择 ρ、d、u 为基本变量，该变量组合符合 π 定理中基本变量选择的原则规定。

（5）根据 π 定理，列写出 $n-m=6-3=3$ 个量纲-特征数，即

$$\pi_1=h_f\rho^{a_1}d^{b_1}u^{c_1}，\quad \pi_2=d_0\rho^{a_2}d^{b_2}u^{c_2}，\quad \pi_3=u\rho^{a_3}d^{b_3}u^{c_3}$$

（6）将各变量量纲代入量纲-特征数表达式，并按量纲一致性原则，列出各量纲-特征数关于基本量纲指数的线性方程，并求解。

对 π_1，有

$$[\pi_1]=[M^0L^0T^0]=[L^2T^{-2}][ML^{-3}]^{a_1}[L]^{b_1}[LT^{-1}]^{c_1}$$

可得

$$M：0=a_1，\quad L：0=2-3a_1+b_1+c_1，\quad T：0=-2-c_1$$

解上述线性方程组得

$$a_1=0，\quad b_1=0，\quad c_1=-2$$

将 a_1、b_1、c_1 代入 π_1 表达式得

$$\pi_1=h_fu^{-2}=h_f/u^2$$

对 π_2，有

$$[\pi_2]=[M^0L^0T^0]=[L][ML^{-3}]^{a_2}[L]^{b_2}[LT^{-1}]^{c_2}$$

可得

$$M：0=a_2，\quad L：0=1-3a_2+b_2+c_2，\quad T：0=-c_2$$

解上述线性方程组得

$$a_2=0，\quad b_2=-1，\quad c_2=0$$

将 a_1、b_1、c_1 代入 π_1 表达式得

$$\pi_2=d_0d^{-1}=d_0/d$$

对 π_3，有

$$[\pi_3]=[M^0L^0T^0]=[ML^{-1}T^{-1}][ML^{-3}]^{a_3}[L]^{b_3}[LT^{-1}]^{c_3}$$

可得

$$M：0=1+a_3，\quad L：0=-1-3a_3+b_3+c_3，\quad T：0=-1-c_3$$

解上述线性方程组得

$$a_3=-1，\quad b_3=-1，\quad c_3=-1$$

所以

$$\pi_3=\mu\rho^{-1}d^{-1}u^{-1}=\mu/du\rho$$

或

$$\pi_3=du\rho/\mu=Re$$

(7) 根据上述结果，可将原来变量间的函数关系 $f'(h_f、\rho、\mu、d、d_0、u)=0$ 简化为

$$F(\pi_1,\pi_2,\pi_3)=F\left(\frac{h_f}{u^2},\frac{d_0}{d},\frac{du\rho}{\mu}\right)$$

又可表示为

$$\frac{h_f}{u^2}=F\left(\frac{d_0}{d},\frac{du\rho}{\mu}\right)$$

按此式组织模拟实验。注意到在上述量纲分析过程中并没有注明流体是气体还是水。因此，不论是气体管路还是水管，只要 d_0/d 和 Re 相等，根据相似定理，方程左边 h_f/u^2 必相等。

根据相似定理，模拟实验管路的孔板直径 d_0' 应与实际气体管路孔板保持几何相似

$$\frac{d_0'}{d'}=\frac{d_0}{d}$$

$$d_0'=\frac{d_0}{d}d'=\frac{150}{300}\times30=15\text{mm}$$

水的流速大小应保证实验管路中的 Re 与实际管路相等，即流体流动形态相似

$$\frac{d'u'\rho'}{\mu'}=\frac{du\rho}{\mu}$$

$$u'=\frac{du\rho}{\mu}\frac{u'}{d'\rho'}$$

空气的物性：$\rho=\frac{29}{22.4}\times\frac{273}{273+200}=0.747\text{kg/m}^3$， $\mu=2.6\times10^{-5}\text{Pa}\cdot\text{s}$

20℃水的物性：$\rho'=1000\text{kg/m}^3$， $\mu'=1\times10^{-3}\text{Pa}\cdot\text{s}$

代入上述相似式后，水的流速

$$u'=\frac{0.3\times10\times0.747}{2.6\times10^{-5}}\times\frac{1\times10^{-3}}{0.03\times1000}=2.87\text{m/s}$$

模拟孔板的阻力损失 $h_f'=\frac{\Delta p'}{\rho'}=\frac{13600\times9.81\times0.02}{1000}=2.67\text{J/kg}$

实际孔板的阻力损失应与模拟孔板有如下关系

$$\frac{h_f}{u^2}=\frac{h_f'}{u'^2}$$

所以

$$h_f=\frac{h_f'}{u'^2}u^2=\frac{2.67}{2.87^2}\times10^2=32.4\text{J/kg}$$

从例1-1可以看出，用量纲分析法处理工程问题，不需要对过程机理有深刻全面的了解。在该例中，原来 h_f 与5个变量之间的复杂关系，通过量纲分析方法，被简化为 h_f/u^2 与两个量纲-组合变量之间的函数关系，使得实验工作量大为减小，简化了实验。由于在模拟实验中保持了 d_0/d 和 $du\rho/\mu$ 与实际管路相等，因此可用常温下的水代替200℃的高温空气，用30mm的水管代替300mm的气体管路来进行实验。在实验物料上做到了"由此及彼"，在设备尺寸上达到了"由小见大"，实验结果解决了工业实际问题。

此外，应用量纲分析方法，还解决了一般实验方法对于某些变量无法组织实验的困难。例如在该例中，如要分别考察 ρ、μ 对流动过程的影响，由于 ρ、μ 同时受温度的影响而变

化，其实验难度之大是难以想象的。而由于 ρ、μ、d 和 u 共组于量纲-数群 Re 中，所以，无需想方设法改变 ρ 和 μ，只需简单地调节 u 使 Re 改变即可，这是其他实验方法所不具备的独特优点。

应该指出的是，虽然量纲理论指导下的实验方法有上述诸多优点，但量纲分析方法在处理工程问题时不涉及过程的机理，对影响过程的变量亦无轻重之分，因此，实验研究结果只能给出实验数据的关联式，而无法对各种变量尤其是重要变量对过程的影响规律进行分析判断。当过程比较复杂时，无法对过程的控制步骤或某些控制因素给出定量甚至是定性的描述。从根本上说，这种实验方法还是一种“黑箱”方法，其实验结果的应用也仅限于实验范围，若将实验范围外延，其误差是难以预测的。此外，在分析过程的影响变量时，有可能漏掉重要的变量而使结果不能反映工程实际情况，也有可能把关系不大的变量考虑进来而使得问题复杂化。解决这一困难的途径除了要有扎实的基础理论知识外，还需要有一定的工程经验。

1.2 数学模型方法

数学模型方法是通过对过程的分析，依据过程的物理原理建立相应的数学表达式，再辅以必要的实验确定数学表达式中的待定参数，由此得到的数学模型可用于过程的设计。

1.2.1 基本原理

数学模型方法是将化工过程各变量之间的关系用一个（或一组）数学方程式来表示，通过对方程的求解可以获得所需的设计或操作参数。

按数学模型的由来，可将其分为机理模型和经验模型两大类。前者由过程机理推导得出，后者由经验数据归纳而成。习惯上，一般称前者为解析公式，称后者为经验关联式。如流体力学中的泊稷叶（Poiseuille）公式，$\Delta p=32\mu Lu/d^2$，即为流体在圆管中作层流流动的解析公式；而流体在圆管中湍流时摩擦系数的表达式$\frac{1}{\sqrt{\lambda}}=1.74-2\log\frac{2\varepsilon}{d}$，则为经验关联式。化学工程中应用的数学模型大都介于两者之间，即所谓的半经验半理论模型。本节所讨论的数学模型，主要指这种模型。机理模型是过程本质的反映，因此结果可以外推；而经验模型（经验关联式）来源于有限范围内实验数据的拟合，不宜于外推，尤其不宜于大幅度外推。在条件可能时还是希望建立机理模型。但由于化工过程一般都很复杂，再加上观测手段的不足，描述方法的有限，要完全掌握过程机理几乎是不可能的。这时，需要提出一些假设，忽略一些影响因素，把实际过程简化为某种物理模型，通过对物理模型的数学描述建立过程的数学模型。

实际上，在解决工程问题时一般只要求数学模型满足有限的目的，而不是盲目追求模型的普遍性。因此，只要在一定的意义下模型与实际过程等效而不过于失真，该模型就是成功的。这就允许在建立数学模型时抓住过程的本质特征，而忽略一些次要因素的影响，从而使问题得到简化。过程的简化是建立数学模型的一个重要步骤。唯有简化才能解决复杂过程与有限手段和方法的矛盾。科学的简化如同科学的抽象一样，更能深刻地反映过程的本质。从这一意义上说，建立过程的数学模型就是建立过程的简化物理图像的数学方程式。在过程的简化中，一般遵循下述原则：

① 过程的本质特征和重要变量得以反映；

② 应能适应现有的实验条件和数学手段，使得能够对模型进行检验，对参数能够估值；

③ 应能满足应用的需要。

一般，所建立的数学模型含有若干模型参数，例如对代数模型

$$y=f(x_1, x_2, \cdots, x_n; b_1, b_2, \cdots, x_m)$$

其中，x 为自变量，即过程输入量，b 为模型参数。

模型参数除极个别情况下可根据过程机理得到外，一般均为过程未知因素的综合反映，需通过实验确定。在建立模型的过程中要尽可能减少参数的数目，特别是要减少不能独立测定的参数，否则实验测定不易准确，参数估值困难，外推时误差可能很大。

1.2.2 建立数学模型的一般步骤

建立过程数学模型的一般步骤如下。

(1) 对过程进行观测研究，概述过程的特征

根据有关基础理论知识对过程进行理性的分析。一是分析过程的物理本质，研究过程的特征。二是分析过程的影响因素，弄清哪些是重要变量必须考虑，哪些是次要变量一般考虑或者可以忽略。如有必要辅以少量的实验加深对过程机理的认识和考虑变量的影响。变量分析可依第一节所介绍的方法，按物性变量、设备特征尺寸变量和操作变量三类找出所有变量。在此基础上，对过程物理本质做出高度概括。

(2) 抓住过程特征作适当简化，建立过程物理模型

寻求对过程进行简化的基本思路是研究过程的特殊性，亦即过程物理本质的特征，然后做出适当假设，使过程得以简化，这是建立物理模型乃至数学模型最关键也是最困难的环节。要做到简化而不失真，既要有对过程的深刻理解，也要有一定的工程经验。所谓物理模型就是简化后过程的物理图像。所建立的数学模型必须要与实际过程等效，并且能够用现有的数学方法进行描述。

(3) 根据物理模型建立数学方程式（组），即数学模型

用适当的数学方法对物理模型进行描述，即得到数学模型。数学模型是一个或一组数学方程式。对于稳态过程，数学模型是一个（组）代数方程式，对于动态过程则是微分方程式（组）。对化工单元过程，所采用的数学关系式不外乎以下几种，即物料衡算方程、能量衡算方程、过程特征方程（如相平衡方程、过程速率方程、溶解度方程等）、与过程相关的约束方程。

(4) 组织实验、参数估值、检验并修正模型

模型中的参数须通过实验数据的拟合而确定，由此看出，在数学模型方法中，实验目的不是为了直接寻求各变量之间的关系，而是通过少量的实验数据确定模型中的参数。

所建立的数学模型是否与实际过程等效，所做的简化是否合理，这些都需要通过实验加以验证。检验的方法有二：一是从应用的目的出发可从模型计算结果与实验数据（亦是工程应用范围）的吻合程度加以评判；二是适当外延，看模型预测结果与实验数据的吻合程度是否良好。如果两者偏离较大，超出工程应用允许的误差范围，须对模型进行修正。图1-2所示为建立数学模型的工作程序框图。

1.2.3 数学模型方法应用举例——流体通过颗粒床层的流动问题

在过滤、吸附等单元操作中，都涉及流体通过颗粒床层流动的压降问题。流体通过颗粒床层流动的复杂性在于流体通道几何形状不规则，纵横交联和曲折不定。如此复杂的流体通

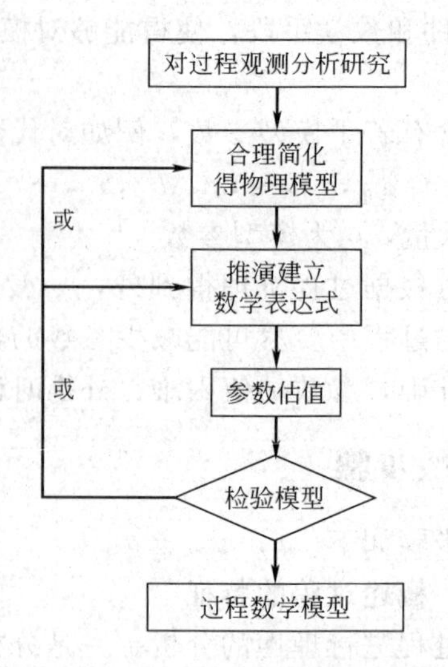

图 1-2 建立数学模型的工作程序框图

道几何边界和流体流动形态无法用严格的数学解析方法表述，所以解决流体在这些过程中的流动阻力问题，必须寻求有效的工程处理方法。

(1) 分析、概括过程的本质和特征

流体通过颗粒层的流动，就其流动过程本身来说是流体力学问题，这是过程的物理本质。问题的困难在于流体通道的复杂性。一般来说，构成颗粒床层的众多颗粒，不但颗粒大小不一，表面粗糙，而且几何形状也不规则，由这样的颗粒构成的流体通道，必然是不均匀且纵横交联的网状通道。因此，不能直接利用流体在圆管中流动的有关公式计算流体通过颗粒床层的压降，必须根据过程的特征寻求简化的解决方法。

寻求简化途径的基本思路是研究过程的特殊性，即过程的特征，并充分利用特殊性对过程做出有效的简化。

不难想象，**流体通过颗粒层的流体可以有两个极限：一是高速流动；二是极慢流动。**在高速流动时，流体阻力主要是形体阻力，与流速有关。极慢流动又称爬流，此时流体阻力主要来自流体的黏性力，阻力的大小一方面与流体接触的表面积，即颗粒的总表面积有关，一方面与流体在颗粒间的真实流速有关。在一定流量下，这一真实流速取决于流体在颗粒床层中流通孔道的大小，即颗粒床层的空隙容积。

在过滤过程中，流体通过颗粒床层一般是由微细颗粒构成的滤饼，因而流体流速通常是很慢的，这就是过程的特殊性，亦即过程的特征。

基于以上几方面的分析和认识，可以设想，如果能对颗粒床层的总表面积和空隙容积做出恰当的描述，就可以回避流体通道几何形状的复杂性这一困难，从而可对过程作出大幅度简化。

(2) 适当简化，建立过程的物理模型

基于过程的物理本质和特征的深刻认识，可以将流体通过颗粒床层的流动简化为流体通过一束虚拟管径为 d_e 的平行圆管的流动，并且假定：

① 管路的内表面积等于床层颗粒的总表面积；

② 管路的流动空间等于颗粒床层的空隙容积。

根据以上描述，即可建立起过程的物理模型，如图 1-3 所示。

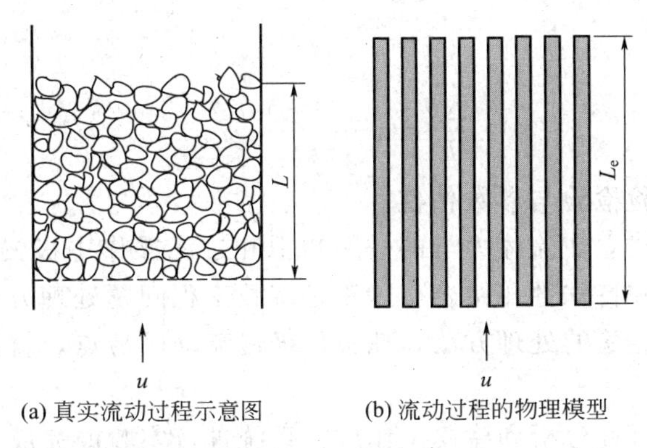

(a) 真实流动过程示意图　　(b) 流动过程的物理模型

图 1-3　流体在颗粒床层中流动过程的物理模型

(3) 对物理模型进行数学描述，建立数学模型

根据物理模型的两点假设，可以推导得虚拟细管的当量直径。

等表面积
$$LA(1-\varepsilon)a=n\pi d_e L_e \tag{1-4}$$

等空隙容积
$$LA\varepsilon=n\frac{\pi}{4}d_e^2 L_e \tag{1-5}$$

式中，L——颗粒床层高度，m；L_e——模型床层高度，m；A——床层截面积，m^2；d_e——模型细管当量直径，m；a——颗粒的比表面积，m^2/m^3；n——模型细管数。

以上两式相除，即得

$$d_e=\frac{4\varepsilon}{(1-\varepsilon)a} \tag{1-6}$$

由于实际床层与模型床层具有相等的空隙容积，在一定流量下，流体在两个床层内的停留时间相等，即

$$停留时间=\frac{流动空间}{体积流量}$$

$$\frac{L_e}{u_e}=\frac{AL\varepsilon}{V} \tag{1-7}$$

$$u_e=\frac{L_e}{L}\frac{1}{\varepsilon}\frac{V}{A}=\frac{L_e u_0}{L\ \varepsilon} \tag{1-8}$$

式中，u_e——流体在模型细管中流速，m/s；L_e——虚拟圆管的长度（模拟床层高度）。L 与 L_e 一般并不相等，但应有下述关系

$$L_e=CL \tag{1-9}$$

因此，流体通过模型细管的流速为

$$u_e=C\frac{u_0}{\varepsilon} \tag{1-10}$$

式中，C——模型常数；u_0——流体在颗粒床层中实际表观流速，m/s。

对于已建立的物理模型，可以应用流体在圆管中流动的有关流体力学理论加以数学描述

$$h_f=\frac{\Delta p}{\rho}=\lambda\frac{L_e}{d_e}\frac{u_e^2}{2} \tag{1-11}$$

将式(1-6)、(1-9)、(1-10) 代入上式，可得

$$\frac{\Delta p}{L}=\lambda\frac{C^3}{8}\frac{(1-\varepsilon)a}{\varepsilon^3}\rho u_0^2 \tag{1-12}$$

令 $\lambda'=\lambda\frac{C^3}{8}$，则

$$\frac{\Delta p}{L}=\lambda'\frac{(1-\varepsilon)a}{\varepsilon^3}\rho u_0^2 \tag{1-13}$$

(4) 数学模型的实验检验与参数估值

以上的理论分析是建立在流体力学的一般知识和过滤操作中极慢流动结合的基础上的，也就是将过程的一般性和特殊性相结合。这正是多数工程问题处理方法的共同点。忽视流动的基本原理就会走向纯经验的处理方法，抓不住极慢流动的特点，就找不到简化的途径，导致处理方法烦琐。

应当指出，上述的过程分析和建模工作应在系统进行实验前完成。当然，为了认识过程的机理，把握过程的特征，必要时不排除在理论分析前作一些初期认识性的实验，这其中也包括采用前人已有的经验。

"实践是检验真理的唯一标准"。上述的理论分析是否合理，所建立的模型能否与实际过程相符合，必须通过实验来加以检验，同时利用实验数据定量地确定模型参数，如果实验结果与模型不符，必须进行一些修正。

前人对颗粒床层流动压降已做了大量实验，发现在 $Re'<2$ 的情况下，有

$$\lambda'=\frac{K'}{Re'} \tag{1-14}$$

式中，K'——Kozeny 常数，其值为 5.0；Re'——床层雷诺数。

$$Re'=\frac{d_e u_e \rho}{\mu}=\frac{\rho u_0}{a(1-\varepsilon)\mu} \tag{1-15}$$

对于各种不同的颗粒床层，模型计算结果与实验数据误差不超过 10%，证明所建立的模型是恰当的。

1.3 过程分解与合成方法

过程分解与合成方法是研究处理复杂问题的一种有效方法，这一方法是将一个复杂的过程（或系统）分解为联系较少或相对独立的若干个子过程或子系统，分别研究各子过程本身特有的规律，再将各过程联系起来以考察各子过程之间的相互影响以及整体过程的规律。

这一方法显见的优点是从简到繁，先考察局部，再研究整体。同样用"黑箱"法作实验研究，在过程分解之后就可大幅度减少实验次数。例如，一个包含 8 个变量，各变量之间相互关联的过程，若每个变量改变 4 个水平进行实验，总实验次数为

$$4^8=65536(次)$$

假如通过对过程的研究发现可将整个过程分解为两个相对独立的子过程，每个过程分别包括 3 个和 5 个变量，如果每个变量仍改变 4 个水平进行实验，则总的实验次数为

$$4^3+4^5=1088(次)$$

可见，在将过程分解之后，可使实验次数大幅度减少，总的实验工作量仅为原来的 1.66%。如果在子过程的实验研究中，再辅以量纲分析方法指导组织实验，可使实验工作量进一步降低。

应当注意的是，在应用过程分解的方法研究工程问题时，对每个子过程所得的结论只适用于局部。譬如通过实验研究得到了某一子过程的最优设计或操作参数，但子过程的最优并

不等于整个过程的最优，通常整个过程在相当程度上受制于关键子过程的影响。在化学工程中，一般将这些关键子过程称为控制过程或控制步骤。

1.3.1 流体输送系统特性的研究

泵和管路组成一个复杂的流体输送系统，众多因素影响着管路的实际流量。其中，泵和管路是两个相对独立的系统，研究流体输送问题的基本方法是将它先分解为泵和管路两个子系统，对每个子系统进行单独的实验研究，然后再予以综合（合成），得出带泵管路的实际工作状态。

泵系统的实验研究内容是寻求泵的特性曲线，即：泵的扬程 H_e、效率 η、有效功率 P_e 等特性参数与流量 q_v 之间的关系。

$$H_e = f_1(q_v) \tag{1-16}$$

$$\eta = f_2(q_v) \tag{1-17}$$

$$P_e = f_3(q_v) \tag{1-18}$$

管路系统的实验研究内容是测定不同流量下的管路阻力，通过实验数据的关联，求出阻力系数 λ 与雷诺数 Re 和管路粗糙度 ε/d 之间的关系。

$$\lambda = f_4(Re, \varepsilon/d) \tag{1-19}$$

再将 λ 的关联式代入管路阻力计算式

$$h_f = \left(\lambda \frac{l}{d} + \sum \zeta\right)\frac{u^2}{2} \tag{1-20}$$

最后得到管路特性方程

$$H = \frac{\Delta p}{\rho g} + K q_v^2 \tag{1-21}$$

其中

$$K = C\left(\lambda \frac{l}{d} + \sum \zeta\right) \tag{1-22}$$

泵的工作点由管路特性方程和泵特性方程共同决定。由此，为改变流量以适应生产工艺的要求，可根据操作的方便和经济效益的考虑，通过改变管路特性曲线或泵的特性曲线来实现流量的调节。

1.3.2 传热速率和传热系数的测定研究

化工生产过程中一般都会遇到流体的加热或冷却问题，工业上大都采用间壁式的传热设备实现冷热流体的换热过程。无论是传热设备的设计、传热过程的操作还是新传热设备的开发，都需要研究传热速率和传热系数与各种过程因素之间的关系。

传热设备的能力通常都用传热速率方程表示

$$Q = KA\Delta t_m = \Delta t_m / (1/KA) \tag{1-23}$$

式中，K——传热系数。

对于无相变的冷热流体间壁传热过程，由传热基本原理和工程经验可知，流体的物性、固体壁面尺寸和导热特性、固体壁面污垢特性，以及过程操作变量（流体流速）都对传热系数有密切的影响。

对过程进行变量分析可知，影响 K 的变量有：冷流体的物性 ρ_c、μ_c、λ_c、C_{pc}；冷流体的流速 u_c；热流体的物性 ρ_h、μ_h、λ_h、C_{ph}；热流体的流速 u_h；固体壁面尺寸 δ；固体热导率 λ。

此外，还应考虑固体壁面污垢特性：冷流体侧壁面污垢特性 δ_{wc}、λ_{wc}；热流体侧壁面污垢特性 δ_{wh}、λ_{wh}。

总共有 16 个变量。如果按一般的网格法组织实验，工作量之大之难不可想象。即使采用前述的量纲分析法，将上述变量组合为 16－3＝13 个无量纲数群，其实验次数也将是天文数字。为此，必须根据间壁式传热过程的特点，应用过程分解与合成的方法进行研究。

根据传热学的基本原理，可将整个传热过程分解为 5 个子过程，即

① 热流体与该侧污垢壁面间的对流传热过程；

② 热量通过热流体侧污垢层的热传导过程；

③ 热量通过固体壁面的热传导过程；

④ 热量通过冷流体侧污垢层的热传导过程；

⑤ 冷流体与该侧污垢壁面间的对流传热过程。

根据传热学原理，写出各个子过程的传热速率方程。

$$Q_1=\alpha_h A_1 \Delta t_{m1}=\frac{\Delta t_{m1}}{\dfrac{1}{\alpha_h A_1}} \tag{1-24}$$

$$Q_2=A_2 \frac{\lambda_{wh}}{\delta_{wh}} \Delta t_{m2}=\frac{\Delta t_{m2}}{\dfrac{\delta_{wh}}{A_2 \lambda_{wh}}} \tag{1-25}$$

$$Q_3=A_3 \frac{\lambda}{\delta} \Delta t_{m3}=\frac{\Delta t_{m3}}{\dfrac{\delta}{A_3 \lambda}} \tag{1-26}$$

$$Q_4=A_4 \frac{\lambda_{wc}}{\delta_{wc}} \Delta t_{m4}=\frac{\Delta t_{m4}}{\dfrac{\delta_{wc}}{A_4 \lambda_{wc}}} \tag{1-27}$$

$$Q_5=\alpha_c A_5 \Delta t_{m5}=\frac{\Delta t_{m5}}{\dfrac{1}{\alpha_c A_5}} \tag{1-28}$$

对稳态传热过程

$$Q_1=Q_2=Q_3=Q_4=Q_5=Q \tag{1-29}$$

因此有

$$Q=\frac{\Delta T_m}{\dfrac{1}{KA}}=\frac{\Delta t_{m1}+\Delta t_{m2}+\Delta t_{m3}+\Delta t_{m4}+\Delta t_{m5}}{\dfrac{1}{\alpha_h A_1}+\dfrac{\delta_{wh}}{\lambda_{wh} A_2}+\dfrac{\delta}{\lambda A_3}+\dfrac{\delta_{wc}}{\lambda_{wc} A_4}+\dfrac{1}{\alpha_c A_5}} \tag{1-30}$$

即

$$\frac{1}{KA}=\frac{1}{\alpha_h A_1}+\frac{\delta_{wh}}{\lambda_{wh} A_2}+\frac{\delta}{\lambda A_3}+\frac{\delta_{wc}}{\lambda_{wc} A_4}+\frac{1}{\alpha_c A_5} \tag{1-31}$$

式中，$1/KA$ 称为传热过程的总热阻；等式右边各项分别称为各子过程的热阻。

对于三个热传导子过程，热量通过固体壁面的热阻可直接计算，而由于附着在固体两侧壁面的污垢层厚度及热导率难以测量，故污垢热阻只能根据工程经验来确定，其数据可从有关传热工程手册中查得。

这样，剩下的问题就是解决冷热流体与固体壁面间的对流传热热阻，亦即 α_c、α_h 的实

验测定。这两个子过程都是对流传热问题，可用量纲分析方法组织实验测定。

1.3.3 气体吸收传质过程的实验研究

气体吸收是一个复杂的气液传质过程，吸收过程的设计和过程操作分析都要涉及吸收传质速率

$$N_A=K_yA(y-y_e)=\frac{y-y_e}{\frac{1}{K_yA}} \tag{1-32}$$

或

$$N_A=K_xA(x_e-x)=\frac{x_e-x}{\frac{1}{K_xA}} \tag{1-33}$$

工业吸收过程大都是气液相处于流动状态的传质过程。气液相的流动状况、物系性质和相平衡关系都对传质速率或传质系数有重要影响。

在研究过程中，采用过程分解与合成的实验方法，既可减少实验工作量，又有助于读者对过程控制因素或控制步骤的了解。根据相际传质基本理论，可将整个吸收传质过程分解为三个子过程：

① 溶质由气相主体传递到两相界面，即气相传质过程；

② 溶质在两相界面上溶解，由气相转入液相，即界面上发生的溶解过程；

③ 溶质由界面传递至液相主体，即液相内的传质过程。

子过程①和③分别为气相对流传质过程和液相对流传质过程（k_y 为气相传质系数，k_x 为液相传质系数），其传质速率分别为

$$N_G=k_yA(y-y_i)=\frac{y-y_i}{\frac{1}{k_yA}} \tag{1-34}$$

$$N_L=k_xA(x_i-x)=\frac{x_i-x}{\frac{1}{k_xA}} \tag{1-35}$$

子过程②为溶质界面溶解过程，其过程阻力极小，通常可认为气、液两相在界面上达到相平衡，即

$$y_i=mx_i \tag{1-36}$$

对于稳态操作过程

$$N_A=N_G=N_L \tag{1-37}$$

$$N_A=\frac{y-y_i}{\frac{1}{k_yA}}=\frac{x_i-x}{\frac{1}{k_xA}} \tag{1-38}$$

为消去界面浓度 y_i 和 x_i，将 N_L 的表达式改写为

$$N_L=\frac{(x_i-x)m}{\frac{m}{k_xA}}=\frac{y_i-y_e}{\frac{m}{k_xA}} \tag{1-39}$$

则有

$$N_A=\frac{(y-y_i)+(y_i-y_e)}{\frac{1}{k_yA}+\frac{m}{k_xA}}=\frac{y-y_e}{\frac{1}{k_yA}+\frac{m}{k_xA}} \tag{1-40}$$

因此

$$\frac{1}{K_yA}=\frac{1}{k_yA}+\frac{m}{k_xA} \tag{1-41}$$

或

$$\frac{1}{K_y}=\frac{1}{k_y}+\frac{m}{k_x} \tag{1-42}$$

这样，就将对整个过程的研究分解为气相和液相两个子过程的研究。

对于气相传质系数 k_y 和液相传质系数 k_x 的实验测定可在降膜吸收实验装置（湿壁塔）上进行，并按照量纲分析方法组织实验，实验结果可用无量纲-特征数关联式表达。

应说明，在实验测定 k_y 和 k_x 时，界面浓度 y_i 和 x_i 一般很难测得。因此，工程上为方便起见，一般还是测定 K_y 和 K_x 为宜。但是，当物系一旦确定后，由于 k_y 和 k_x 分别主要受气相流量和液相流量的影响，即

$$k_y=f_1(G) \tag{1-43}$$

$$k_x=f_2(L) \tag{1-44}$$

因此，通过分别改变气相流量 G 和液相流量 L，考察 K_y 或 K_x 的变化，可以定性地判断传质过程是属于气相阻力控制还是属于液相阻力控制，从而为强化或改善传质过程提供理论依据。

1.4 过程变量分离方法

所谓单元操作是由化工中的某一物理过程与过程设备共同构成的一个单元系统。对于同一物理过程，可在不同形式、不同结构的设备中完成。因此，由于物理过程变量和设备变量交集在一起，使得所处理的工程问题变得复杂。但是如果可以在众多变量之间将交联较弱的切开，即有可能使问题大为简化，从而易于解决，这就是过程变量分离方法。

1.4.1 低浓度吸收塔传质单元高度的研究

对于微分（连续）接触式吸收过程，可根据传质速率方程和物料衡算方程计算吸收塔的有效传质高度。

以单位塔截面为基准

$$N_A=K_ya\,\mathrm{d}H(y-y_e) \tag{1-45}$$

$$N_A=G\mathrm{d}y \tag{1-46}$$

式中，A——塔截面积。两式联立，即得

$$H=\int_{y_1}^{y_2}\frac{G}{K_ya}\frac{\mathrm{d}y}{y-y_e}=\frac{G}{K_ya}\int_{y_1}^{y_2}\frac{\mathrm{d}y}{y-y_e} \tag{1-47}$$

令

$$H_{OG}=\frac{G}{K_ya},\quad N_{OG}=\int_{y_1}^{y_2}\frac{\mathrm{d}y}{y-y_e} \tag{1-48}$$

则

$$H=H_{OG}N_{OG} \tag{1-49}$$

从传质单元高度 H_{OG}、传质单元数 N_{OG} 所包含的变量可以看出，N_{OG} 由吸收工艺条件决定，H_{OG} 则主要反映设备的特性。这样，将设备变量和工艺变量分离以后，就可以对吸收过程问题分解处理。即 N_{OG} 可根据工艺要求直接计算，只需对 H_{OG} 进行实验测定。

对于吸收设计问题，该方法还有一层更重要的工程意义，即在选择设备型式（例如何种填料）之前，可先按工艺要求计算 N_{OG}，然后由 N_{OG} 的大小选择适当的填料，使设备尺寸

(填料高度)适当，从而使过程设计问题大大简化。

1.4.2　板式精馏塔塔效率的实验研究

板式塔是一种级式接触传质设备，由于在塔板上的传质过程受到物性、气(汽)液两相流量、流体组成、两相流动状况、接触状况等众多因素的影响，其过程机理十分复杂。也就是说，塔板上气液两相的传质、传热速率，不仅取决于物系的性质，还与操作条件和塔板结构有关，很难用简单的方程加以表示。

工程上为了解决这一困难，引入了理论板和塔板效率的概念。所谓理论板是一种气、液两相皆充分混合但传质、传热过程阻力皆为零的理想化塔板。因此，不论引入理论塔板的气、液两相组成如何，温度如何，离开塔板的气、液两相在传热和传质两方面都达到平衡状态，即两相温度相同，组成互为平衡。而实际板与理论板的差异，则以塔板效率来表示。

理论板和塔板效率的引入，将复杂的精馏过程分解为两个问题，即完成一个规定的分离任务，共需要多少块理论板；为了确定实际塔板数目，需要知道塔板效率多高。

实际上，理论板和塔板效率的概念与传质单元数和传质单元高度的概念有异曲同工之妙，也是一种变量分离方法的具体应用。对于具体的分离任务，所需的理论板数只取决于物系的相平衡关系和两相的流量比，而与物系的基础物性和塔板结构及流动状态无关，后者众多因素的复杂影响则包含于塔板效率内。而精馏过程实验研究的重点之一正是测定塔板的效率。

1.5　参数综合方法

在众多单元操作过程的数学模型中，不论是机理模型还是经验模型，都存在着模型参数的实验确定问题。很多情况下，模型中可能含有多个原始模型参数。为了在实验研究中避免单个参数测量和计算的困难，在数学模型的推导过程中常常采取参数综合的方法，即将几个同类型参数归并成一个新的综合参数，以明确表示主要变量与实验结果之间的关系。从而只要通过真实物料的少量实验确定新的模型参数，即可获得必要的工程设计数据。

例如，过滤过程数学模型

$$\frac{\mathrm{d}q}{\mathrm{d}\tau}=\frac{K}{2}\frac{1}{q}$$

其中

$$K=\frac{2\Delta p}{r\phi\mu}$$

K 称为过滤常数，亦即为过滤数学模型参数，它就是一个体现了悬浮液和固体(滤饼)的综合性质，同时包含了过滤压差的综合参数。实验时只需用真实物料测定 K，即可满足工程设计需要，而不再是测量各单个参数。

再有，吸收传质速率方程中的传质系数 K_ya

$$N_A=K_ya(y-y_e)$$

K_ya 称为体积传质系数，它反映了(原始)传质系数和有效传质面积两个参数的乘积。实际上，传质系数 K_y 与两相有效接触面积 a 都是难以单独测定的参数。

就过程的机理分析和寻求过程的特性规律而言，总希望将影响过程的因素尽可能分解，逐个讨论。而从工程应用角度讲，则希望将多个难以直接测定的参数归并为较少且易于测定的参数，并在指定条件下(真实物料，操作条件与工业相同)通过确定模型系数的间接实验代替测定真实变量的直接实验。

要特别指出的是，在建立数学模型时，人们总是期望能建立机理模型，也总希望赋予模型参数以真实的物理含义。然而，在将参数综合以后，特别是模型参数的数值是通过实验数据的拟合而得，因此过程中许多未知的不确定因素的影响，包括实验测量误差，均归并到模型参数本身。因此，最终获得的模型参数只能是统计意义上的参数。

第 2 章

实验规划与流程设计

2.1　实验规划及重要性

实验规划又称实验设计，从 20 世纪 50 年代起，它作为数学的一个重要分支，以数理统计原理为基础，起初是在生物科学上发展起来的，其后就被迅速地应用到自然科学、技术科学和管理科学等各个领域，并获得了令人瞩目的成功。在化工实验过程中，怎样组织实验、实验点怎样安排、检测变量怎样选择、实验范围如何确定等，都属于实验规划的范畴。

对于任何科学研究，实验是最耗费时间、精力和物力的工作，整个研究过程的主要成本也几乎总是花在实验方面。**所以一个好的实验设计，要能以最少的实验工作量获取最大的信息量**，这样不仅可以大幅度地节省研究成本，而且会有事半功倍的效果。反之，如果实验研究计划设计不周，不仅费时、费力、费钱，而且可能导致实验结论错误。

化工中的实验工作五花八门，但一般说来，大致可以归纳为以下两大类型。

(1) 析因实验

影响某一过程或对象的因素可能有许多，如物性因素、设备因素、操作因素等，究竟有哪几种因素对该过程或对象有影响，哪些因素的影响比较大需在过程研究中着重考察，哪些因素的影响比较小可以忽略，此外，有些变量之间的交互作用也可能对过程产生不可忽视的影响，所有这些，都是化工工作者在面对一个陌生的新过程时首先要考虑的问题。通常解决这一问题的途径有二，一是根据有关化工基础理论知识加以分析，二是直接通过实验来进行鉴别。我们知道，由于化工过程的复杂性，即使对于经验十分丰富的工程技术人员，也往往难以做出正确的判断。因此必须通过一定的实验来加深对过程的认识。从这一意义上说，析因实验也可称为认识实验。在过程新工艺的开发或新产品开发的初始阶段，往往需要借助析因实验。

(2) 过程模型参数的确定实验

无论是经验模型还是机理模型，其模型方程式中都含有一个或数个参数，这些参数反映了过程变量间的数量关系，同时也反映了过程中一些未知因素的影响。为了确定这些参数，需要进行实验以获得实验数据，然后，即可利用回归或拟和的方法求取参数值。要说明的是对于机理模型和半经验半理论模型，是先通过对过程机理的分析建立数学模型方程，再有目的地去组织少量实验拟合模型参数。对于经验模型，往往是先通过足够的实验研究变量间的相互关系，然后通过对实验数据的统计回归处理得到相互的经验关联式，而人们事先并无明确的目的要去建立什么样的数学模型。因此，所有的经验模型都可看成是变量间相互关系的直接测定的产物。

2.2 实验范围与实验布点

在实验规划中，正确确定实验变量的变化范围和安排实验点的位置是十分重要的。如果变量的范围或实验点的位置选择不恰当，不但浪费时间和人力、物力，而且可能导致错误的结论。

例如，在流体流动阻力测定实验中，通常希望获得摩擦阻力系数 λ 与雷诺数 Re 之间的关系，实验结果可标绘在双对数坐标系中，如图 2-1 所示。显见，在小雷诺数范围内，λ 随 Re 的增大逐渐减小，且变化趋势随之平缓。当 Re 增大到一定数值，λ 则趋近一常数而不再变化，此即阻力平方区。如若想用有限的实验次数正确地测定 λ 与 Re 的关系，在实验布点时，应当有意识地在小雷诺数范围内（即图中曲线部分）多安排几个实验点，而大雷诺数范围内适当少布点。倘若曲线部分布点不足，即使总的实验点再多，也难以正确地反映 λ 的变化规律。

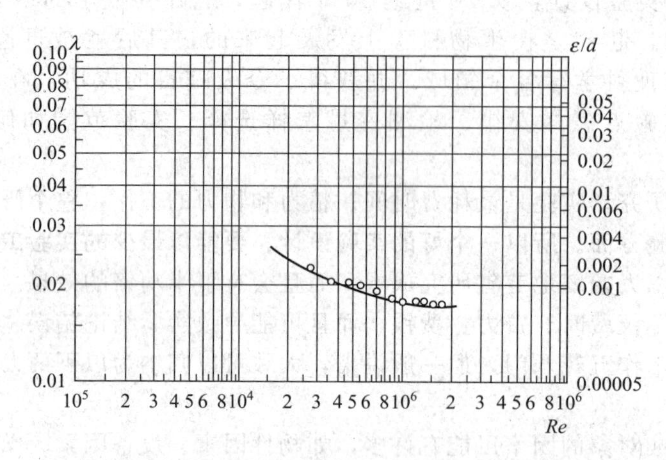

图 2-1 摩擦阻力系数 λ 与雷诺数 Re 的关系

再如，离心泵效率特性曲线的变化规律一般呈图 2-2 所示。随变量 q_v 的增大，离心泵效率 η 先是随之增大，在达到一最高点后，流量再增大，泵的效率反而随之降低。对于图 2-2 所示的离心泵效率特性曲线，在组织实验时，应特别注意正确地确定流量的变化范围和恰当的布点。如果变化范围的选择过于窄小，则得不到完整的正确结果，若将有限范围内实验所得结论外推，则将导致错误的结果。

上述两个例子说明，不同实验点提供的信息是不同的。如果实验范围和实验点选择不恰当，即使实验点再多，实验数据再精确，也达不到预期的实验目的。实验设计得不好，试图靠精确的实验技巧或高级的数据处理技术加以弥补，是得不偿失甚至是徒劳的。相反，选择适当的实验范围和实验点的位置，即使实验数据稍微粗糙一些，数据少一些，也能达到实验目的。因此，在化工实验中，恰当的实验范围和实验点位置与实验数据的精确性相比更为重要。

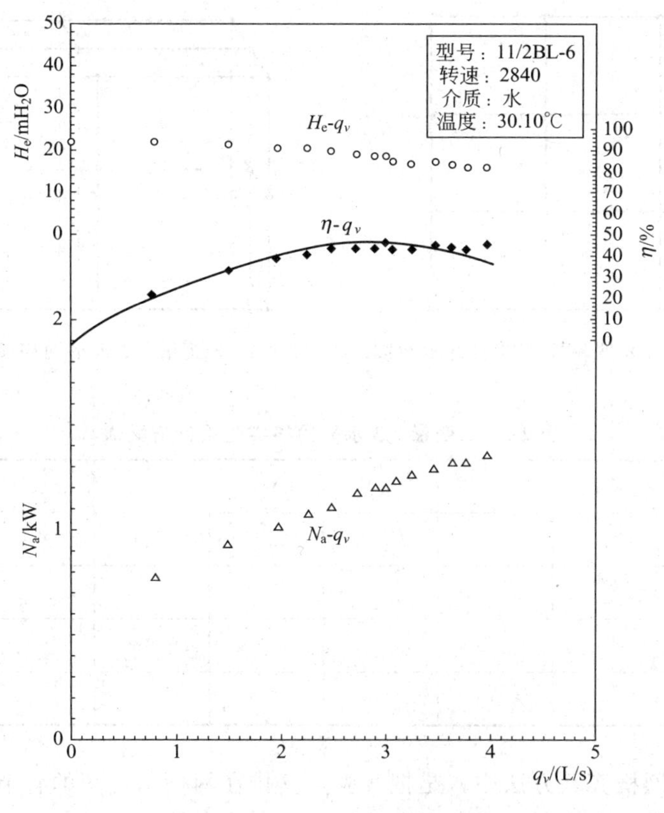

图 2-2　离心泵效率特性曲线

2.3 实验规划方法

实验规划，即实验设计方法的讨论属于数理统计课程的范畴，关于这方面内容的专著很多，本节仅从化工实验应用的角度，介绍几种常用的实验规划方法。

2.3.1 网格实验设计方法

在确定了实验变量数和每个变量的实验水平数后，在实验变量的变化范围内，按照均匀布点的方式，将各变量的变化水平逐一搭配，每一种搭配则构成一个实验点，这就是网格实验设计方法。图 2-3、表 2-1 和图 2-4 及表 2-2 给出了 2 变量和 3 变量的网格实验设计示意图及实验设计方案表。

表 2-1　2 变量、4 水平网格实验设计方案表

	X_{21}	X_{22}	X_{23}	X_{24}
X_{11}	$X_{11}X_{21}$	$X_{11}X_{22}$	…	$X_{11}X_{24}$
X_{12}	$X_{12}X_{21}$	$X_{12}X_{22}$	…	$X_{12}X_{24}$
X_{13}	$X_{13}X_{21}$	$X_{13}X_{22}$	…	$X_{13}X_{24}$
X_{14}	$X_{14}X_{21}$	$X_{14}X_{22}$	…	$X_{14}X_{24}$

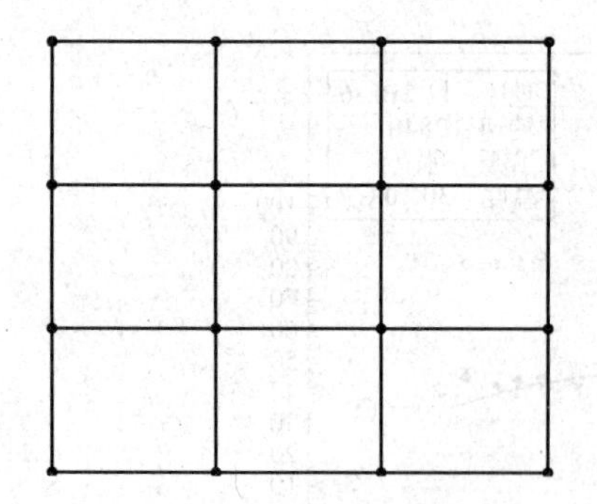

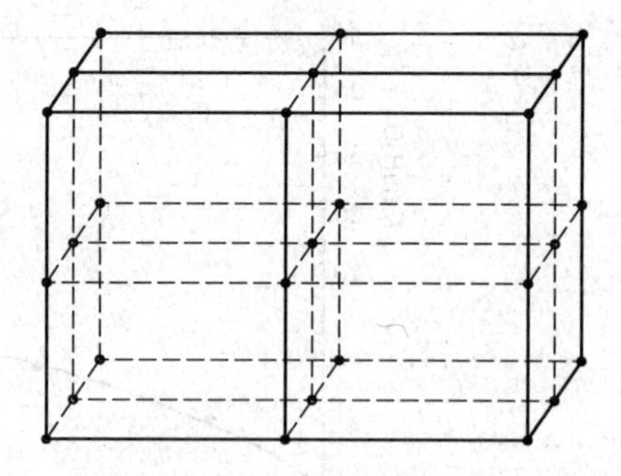

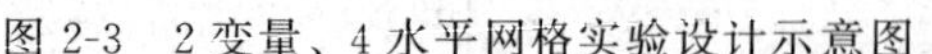

图 2-3　2 变量、4 水平网格实验设计示意图　　图 2-4　3 变量、3 水平网格实验设计示意图

表 2-2　3 变量、3 水平网格实验设计方案表

	X_{31}			X_{32}			X_{33}		
	X_{21}	X_{22}	X_{23}	X_{21}	X_{22}	X_{23}	X_{21}	X_{22}	X_{23}
X_{11}									
X_{12}									
X_{13}									

显而易见，在网格实验方法中，是把实验点安排在网格示意图的各节点上。若实验变量数为 n，实验水平数为 m，则完成整个实验所需的实验次数为

$$i = m^n$$

显然，当过程的变量数较高时，实验次数要显著增加。对于化工实验，涉及的变量除了物性变量如黏度、密度、比热容等外，通常还要涉及流量、温度、压力、组成、设备结构尺寸、催化剂等变量。因此，除了一些简单过程实验，采用网格法安排实验是很不经济的。当涉及的变量较多时，尤不适于采用此方法。

2.3.2　正交实验设计方法

用正交实验表安排多变量实验的方法，称为正交实验设计法，这也是科技人员进行科学研究的重要方法之一。该方法的特点是：①完成实验所需的实验次数少；②数据点分布均匀；③可以方便地应用方差分析方法、回归分析方法等对实验结果进行处理，获得许多有价值的重要结论。

对于变量较多和变量间存在相互影响的情况，采用正交实验设计方法可带来许多方便，不仅实验次数可较网格法减少许多，而且通过对实验数据的统计分析处理，直接获得因变量与各自变量之间的关系式，还可鉴别出各自变量（包括自变量之间的相互作用）对实验结果的影响程度，从而确定哪些变量对过程是重要的，需要在研究过程中重点考虑，哪些变量的影响是次要的，可在研究过程中一般考虑，甚至忽略。

2.3.3　均匀实验设计方法

均匀实验设计方法是我国数学家**方开泰**运用数论方法，单纯地从数据点分布的均匀性角度出发所提出的一种实验设计方法。该方法是利用均匀设计表来安排实验，所需的实验次数要少于正交实验设计方法。当实验的水平数大于 5 时，宜选择该方法。

2.3.4　序贯实验设计方法

传统的实验设计方法都是先一次完成实验设计，当实验全部完成以后，再对实验数据进行分析处理。显然，这种先实验、后整理的研究方法是不尽合理的。一个有经验的科技人员总是会不断地从实验过程中获取信息，并结合专业理论知识加以判断，从而对不合理的实验方案及时进行修正，少走弯路。

因此，边实验边对实验数据进行整理，并据此确定下一步研究方向的实验方法才是一种合理的方法。在以数学模型参数估计和模型筛选为目的的实验研究过程中宜采用此类方法。序贯实验设计方法的主要思想是：先做少量的实验，以获得初步信息，丰富研究者对过程的认识，然后在此基础上作出判断，以确定和指导后续实验的条件和实验点的位置。这样，信息在研究过程中有交流反馈，能最大限度地利用已进行的实验所提供的信息，使后续的实验安排在最优的条件下进行，从而节省大量的人力、物力和财力。

2.4　实验流程设计

流程设计是实验过程中一项重要的工作内容。由于化工实验装置是由各种单元设备和测试仪表通过管路、管件和阀门等以系统的、合理的方式组合而成的整体，因此，在掌握了实验原理、确定了实验方案后，要根据前两者的要求和规定进行实验流程设计，并根据设计结果搭建实验装置，以完成实验任务。

2.4.1　流程设计的内容及一般步骤

流程设计一般包括如下内容。

(1) 选择主要设备

例如在流体力学与流体机械特性的有关实验中，选择不同型号及性能的泵；在精馏实验中选择不同结构的板式塔或填料塔；在传热实验中选择不同结构的换热器等。

(2) 确定主要检测点和检测方法

化工实验，就是要通过对实验装置进行操作以获取相关的数据，并通过对实验数据的处理获得设备的特性或过程的规律，进而为工业装置或工业过程的设计与开发提供依据。所以，为了获取完整的实验数据，必须设计足够的检测点并配备有效的检测手段。在实验中，需要测定的数据一般可分为工艺数据和设备性能数据两大类。

工艺数据包括：物流的流量、温度、压力及浓度（组成），主体设备的操作压力和温度等；

设备性能数据包括：主体设备的特征尺寸、功率、效率或处理能力等。

要指出的是，这里所讲的两大类数据是要直接测定的原始变量数据，不包括通过计算获得的中间数据。

(3) 确定控制点和控制手段

一套设计完整的实验装置必须可操作且可控制。可操作是指既能满足正常操作的要求，也能满足开车和停车等操作的要求；可控制是指能控制外部扰动的影响。为满足这两点要求，设计流程必须考虑完备的控制点和控制手段。

化工实验流程设计的一般步骤如下。

① 根据实验的基本原理和实验任务选择主体单元设备，再根据实验需要和操作要求配套附属设备；

② 根据实验原理找出所有的原始变量，据此确定检测点和检测方法，并配置必需的检测仪表；

③ 根据实验操作要求确定控制点和控制手段，并配置必要的控制或调节装置；

④ 画出实验流程示意图；

⑤ 对实验流程的合理性作出评价。

2.4.2 实验流程图的基本形式及要求

在化工设计中，通常都要求设计人员给出工艺过程流程图（Process Flow Diagram，PFD）和带控制点的管道流程图（Piping and Instrumentation Diagram，PID），两者都称为流程图，且部分内容相同，但前者主要包括物流走向、主要工艺操作条件、物流组成、主要设备特性等内容，后者包括所有的管道系统以及检测、控制、报警等系统，两者在设计中的作用是不同的。

在化工原理实验中，要求学生给出带控制点的实验装置流程示意图即可，其基本形式以吸收实验为例，如图 2-5 所示。由图可见，带控制点的实验装置流程图绘制步骤如下。

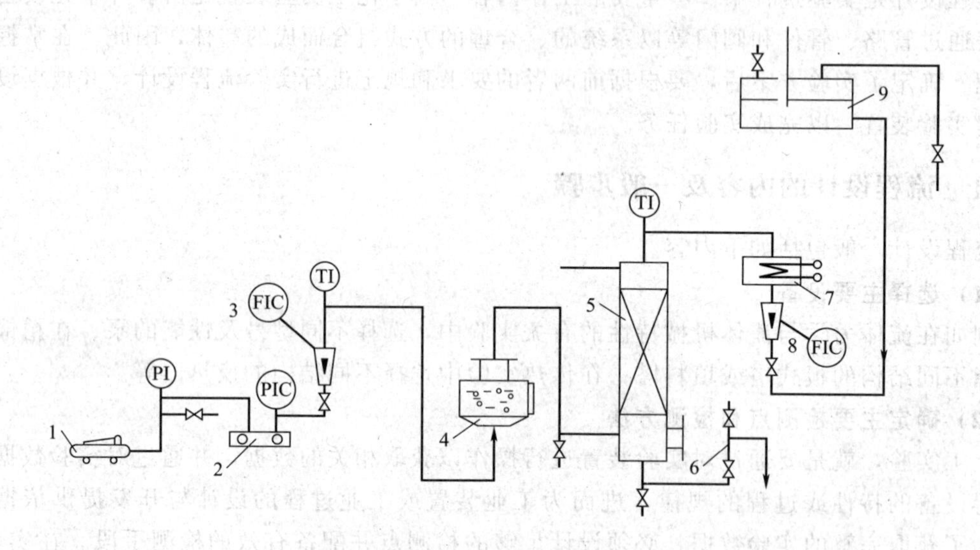

图 2-5 丙酮、空气-水吸收实验装置流程图

1—空气压缩机；2—气动压力定值器；3—气体转子流量计；4—鼓泡器；5—填料塔；6—液封液置；7—电加热器；8—液体转子流量计；9—高位槽

① 画出主体设备及附属设备（仪器）示意图；

② 用标有物流方向的连线（表示管路）将各设备连接起来；

③ 在相应设备或管路上标注出检测点和控制点。检测点用代表物理变量的符号加上“I”表示，例如用“PI”表示压力检测点，“TI”表示温度检测点，“FI”表示流量检测点，“LI”表示液位检测点等，而控制点则用代表物理量的符号加上“C”表示。

第3章

实验误差分析与实验数据处理

3.1 误差的基本概念

由于实验方法和实验设备的不完善，周围环境的影响以及人为的观察因素和检测技术及仪表的局限，在所测物理量的真实值与实验观测值之间，总要存在一定的差异，在数值上表现为误差。

误差分析的目的是为了评判实验数据的精确性和可靠性。通过误差分析，可以弄清误差的来源及其对所测数据准确性的影响大小，排除个别无效数据，从而保证实验数据或结论的正确性；还可进一步指导改进实验方案，从而提高实验的精确性。

3.1.1 真值与误差

在科学实验中，观测对象的量是客观存在的，称为真值。每次观测所得数值称为观测值。设观测对象的真值为 x，观测值为 $x_i(i=1,2,\cdots,n)$，则差值

$$d_i=x_i-x(i=1,2,\cdots,n)$$

称为观测误差，简称误差。

由于测量仪器、测量方法、环境条件，以及人的观测能力等都不能达到完美无缺，故真值是无法测得的。但通过反复多次的观测可得到逼近真值的近似值。

3.1.2 实验误差的来源、分类及判别

误差是实验测量值(包括间接测量值)与真值之间的差异，根据误差的数理统计性质和产生的原因不同，可将其分为三类。

(1)系统误差

系统误差是指在实验测定过程中由于仪器不良、环境改变等系统因素产生的误差。其特点是在相同条件下，观测值总往一个方向偏差；误差的大小与正负号在多次重复观测中几乎相

同。通过对测量仪器的校正或对环境条件影响的修正,可以将系统误差消除。

(2)随机误差

随机误差是由一些不易控制的偶然因素所造成的误差,例如观测对象的波动,肉眼观测不是特别准确等。随机误差在实验观测过程中是必然产生的,无法消除。但是,随机误差具有统计规律性,各种大小误差的出现有着确定的概率。其判别方法是:在相同条件下,观测值变化无常,但误差的绝对值不会超过一定界限;绝对值小的误差比绝对值大的误差出现的次数要多,近于零的误差出现的次数最多,正、负误差出现的次数几乎相等,误差的算术均值随观测次数的增加而趋于零。

(3)过失误差

过失误差是一种显然与事实不符的误差,它主要是由于实验人员粗心大意,如读错数据、记录错误或操作失误所致。这类数据往往与真实值相差很大,应在整理数据时予以剔除。

3.1.3 观测的准确度与精确度

如果观测数据的系统误差小则称观测的准确度高。准确度指所测数值与真值的符合程度,如果观测数据的随机误差小则称观测的精确度高。精确度指所测数值重复性的大小。图3-1所示为三个射击手的射击成绩。A表示准确度不好而精确度好;B表示准确度好,精确度也好;C表示准确度和精确度都不好。

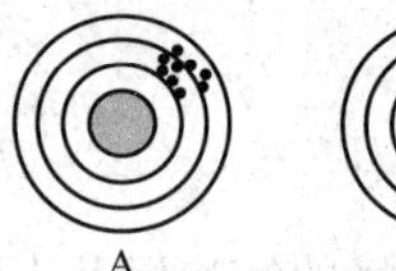

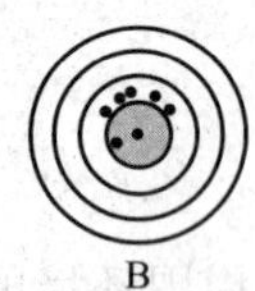

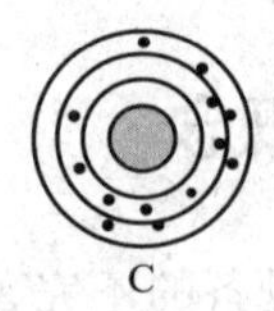

图3-1 准确度与精确度的关系

在科学实验研究过程中,应首先着重于实验数据的准确度,其次考虑数据的精确度。

3.2 实验数据的有效数字与计数法

3.2.1 有效数字

在实验中,无论是直接测量的数据还是计算结果,总是以一定位数的数字来表示。实验数据的有效位数是由测量仪表的精度来决定的。一般,实验数据应记录到测量仪表最小分度的十分之一位。例如,液面计标尺的最小分度为1mm,则最小读数可以到0.1mm。如果测定的液位高度在318mm与319mm的中间,则应记液位高度为318.5mm。其中,前三位数字是直接从标尺上读出的,是准确的,最后一位是估计的,也称为可疑数字。这样,数字318.5就有4位有效数。如果液位恰在318mm分度上,则该数据应记作318.0mm,若记为318mm则失去一位有效数,从而降低了数据的精度。总之,有效实验数据的末尾只能有一位可疑数字。

3.2.2 科学计数法

在科学研究中,为了清楚简要地表述数据的精度,通常将有效数字写出并在第1位数后加小数点,而数值的数量级由10的整数幂来表示,这种以10的整数幂来计数的方法称为科学计数法。例如，0.0088应记为8.8×10^{-3}，56000应记为5.60×10^{4}。在科学计数法中，在10的整数幂之前的数字应全部为有效数。

3.2.3　有效数的运算

(1) 加法和减法

有效数相加或相减，其和或差的位数应与其中位数最少的有效数相同。例如，在传热实验中，测得水的进出口温度分别为25.4℃和55.57℃，为了确定水的定性温度，须计算两温度之和

$$25.4+55.57=80.97\approx81.0(℃)$$

由该例可看出，由于计算结果有两位可疑数字，而按照有效数的定义只能保留一位可疑数字，第二位可疑数字应按四舍五入法舍弃。

(2) 乘法和除法运算

有效数的乘积或商，其位数应与各乘、除数中位数最少的相同。

(3) 乘方和开方运算

乘方或开方后的有效数字位数应与其底数位数相同。

(4) 对数运算

对数的有效数字位数应与真数相同。

3.3　平均值

为了由观测数据来近似得到真值，一般采用平均值的方法。常用的平均值有如下几种。

(1) 算术平均值 $\overline{x}$

设$x_1,x_2,\cdots,x_n$是实验中对于某物理变量的一组观测数据，定义算术平均值为

$$\overline{x}=\frac{1}{n}(x_1+x_2+\cdots+x_n)=\frac{1}{n}\sum_{i=1}^{n}x_i \tag{3-1}$$

算术平均值是最常用的一种平均值，它是在最小二乘意义下真值的最佳近似。

(2) 加权平均值 $\overline{x}_w$

对于同一物理变量采用不同方法或在不同条件下观测得到的一组数据，常常根据不同数据的可靠程度给予不同的“权重”而得到加权平均值。

$$\overline{x}_w=\frac{w_1x_1+w_2x_2+\cdots+w_nx_n}{w_1+w_2+\cdots+w_n}=\sum_{i=1}^{n}w_ix_i\Big/\sum_{i=1}^{n}w_i \tag{3-2}$$

其中，w_i为相应于x_i的加权因子，w_i的数值一般多根据经验给出。

(3) 几何平均值 $\overline{x}_q$

当一组观测值$x_i(i=1,\cdots,n)$取对数后所得图形的分布曲线更为对称时，常采用几何平均值

$$\overline{x}_q=\sqrt[n]{x_1x_2\cdots x_n} \tag{3-3}$$

或

$$\lg\overline{x}_q=\frac{1}{n}\sum_{i=1}^{n}\lg x_i \tag{3-4}$$

(4) 对数平均值 $\overline{x}_m$

$$\overline{x}_{\mathrm{m}}=\frac{x_1-x_2}{\ln\dfrac{x_1}{x_2}} \tag{3-5}$$

(5) 中位值

将观测值的大小顺序排列后，处在中间位置的值即为中位值，当n为偶数时，取中间两数据的算术平均值作为中位值。

对于上述诸多平均值，都是想从一组观测数据中找到最接近真值的那个数值。平均值的选择主要取决于观测数据的分布类型。化工实验中的大多数物理变量均服从于正态分布，因此，以算术平均值应用最多。

3.4 误差的表示方法

3.4.1 离差 v_i

若观测变量的真值以 n 次观测数据的算术平均值来近似，则其中某数据 x_i 的离差用下式表示

$$v_i=x_i-\overline{x} \tag{3-6}$$

通常也称离差的绝对值为绝对误差。

3.4.2 算术平均误差 η

算术平均误差简称平均误差，是离差绝对值的算术平均值

$$\eta=\frac{1}{n}\sum_{i=1}^{n}|v_i|=\frac{1}{n}\sum_{i=1}^{n}|x_i-\overline{x}| \tag{3-7}$$

用算术平均误差来表示实验观测数据的准确度，优点是计算简单，缺点是无法表示各组观测数据之间彼此符合的情况。例如，一组观测值中的偏差彼此接近，而另一组观测值的偏差中有大、中、小三种，但这两组数据的平均误差可能相同。因此，只有当 n 较大时，才能比较可靠地用平均误差来表示观测数据的准确性。

3.4.3 相对误差 d_i

为了便于不同组次数据之间的比较，可用相对误差来表示观测数据的准确程度

$$d_i=\frac{v_i}{\overline{x}}\times100\%=\frac{x_i-\overline{x}}{\overline{x}}\times100\% \tag{3-8}$$

3.4.4 示值误差

对于仪器或仪表的测量误差可用示值误差和最大静态测量误差来表示。

示值误差：对于指针式或标尺式的测量仪表，研究人员可用肉眼观测至仪表最小分度的1/5数值。因此，一般以仪表最小分度的1/5或1/10数值作为示值误差。

仪表的最大静态测量误差以仪表精度与量程范围的乘积来表示。仪表的精度是指在规定的正常情况下，仪表在量程范围内的最大测量相对误差。例如，某测量仪表的精度为0.5

级，则该仪表的最大测量相对误差为仪表量程的±0.5%。

【例 3-1】 压力表的精度为 1.5 级，量程为 0～0.4MPa，最小指示分度为 10kPa，欲用该表测定气体压力，试估计测量误差。

解：

该仪表的最小指示分度为 10kPa，实验观测读数可估计至最小分度的 1/5 或 1/4，因此，实验的示值误差为

$$\Delta p_1 = 10 \times \frac{1}{5} = 2\text{kPa}$$

最大静态测量误差

$$\Delta p_2 = (0.4-0) \times 10^3 \times 1.5\% = 6\text{kPa}$$

在对实验观测数据做误差分析时，通常取较大的误差值。因此，该压力表的最大测量误差约为 6kPa。

【例 3-2】 涡轮流量计的量程为 1.6～10m³/h，精度为 0.5 级，二次仪表采用频率显示仪，精度为 0.5 级，试估计该流量计的最大测量误差。

解：

$$\Delta q_v = (10-1.6) \times [(1+0.5\%) \times (1+0.5\%) - 1] = 0.0842\text{m}^3/\text{h}$$

即该系统仪表的最大测量误差约为 0.0842m³/h。

3.4.5 标准误差 σ

标准误差亦称均方根或均方误差，又称方差，它是各观测数据误差平方和的算术平均值的平方根，即

$$\sigma = \sqrt{\frac{1}{n-1}\sum_{i=1}^{n}(x_i - \overline{x})^2} \tag{3-9}$$

标准误差不取决于各观测数据误差的符号，对观测值中的较大误差或较小误差比较敏感，通常用 σ 表示观测数据的精密度大小。

3.5 函数误差

在许多场合下，往往涉及间接测量的物理变量的误差估计问题。所谓间接测量的物理变量，就是本身不能直接被测量，但与其他直接可测的物理变量之间存在着某种函数关系。由于直接可测物理变量存在误差，因此经过一系列函数运算，间接测量的物理变量也产生了一定的误差，称为函数误差。显见，在直接可测物理变量与间接测量的物理变量之间存在着误差传递过程。

3.5.1 函数误差的一般形式

设 $y = f(x_1, x_2, \cdots, x_n)$，若自变量（亦即直接可测变量）$x_1, x_2, \cdots, x_n$ 的最大绝对误差分别为 $\Delta x_1, \Delta x_2, \cdots, \Delta x_n$，按泰勒展开公式，函数 y 的最大绝对误差和最大相对误差分别为

$$\Delta y = \sum_{i=1}^{n}\left|\frac{\partial f}{\partial x_i}\Delta x_i\right| \tag{3-10}$$

$$\left|\frac{\Delta y}{y}\right|=\sum_{i=1}^{n}\left|\frac{\partial f}{\partial x_i}\frac{\Delta x_i}{y}\right| \tag{3-11}$$

式中，$\frac{\partial f}{\partial x_i}$——误差传递函数。

由误差的基本性质和标准误差的定义，函数的标准误差为

$$\sigma_y=\sqrt{\sum_{i=1}^{n}\left(\frac{\partial f}{\partial x_i}\right)^2\sigma_i^2} \tag{3-12}$$

3.5.2 某些函数误差的计算

(1) 加法和减法

设 $y=x_1 \pm x_2 \pm \cdots \pm x_n$，且 x_i 的标准误差为 σ_i，则依式(3-10) 和 (3-12) 得函数的最大误差为

$$\Delta y=\sum_{i=1}^{n}|\Delta x_i| \tag{3-13}$$

函数的标准误差为

$$\sigma_y=\sqrt{\sum_{i=1}^{n}\sigma_i^2} \tag{3-14}$$

(2) 乘法

设 $y=x_1, x_2, \cdots, x_n$

依照式(3-11)，得函数的最大相对误差

$$\left|\frac{\Delta y}{y}\right|=\sum_{i=1}^{n}\left|\frac{\Delta x_i}{x_i}\right| \tag{3-15}$$

(3) 除法

设 $y=\frac{x_1}{x_2}$，依照式(3-11)，得 y 的最大相对误差

$$\left|\frac{\Delta y}{y}\right|=\left|\frac{\Delta x_1}{x_1}\right|+\left|\frac{\Delta x_2}{x_2}\right| \tag{3-16}$$

【例 3-3】 若 $y=\frac{x_1}{x_2}$，x_1 和 x_2 的测量值分别为 72.4 和 24.1，求 y 的最大相对误差和最大绝对误差。

解： 依照式 (3-16)，得

$$\left|\frac{\Delta y}{y}\right|=\frac{0.1}{72.4}+\frac{0.1}{24.1}=0.0055$$

$$y=\frac{72.4}{24.1}=3.00$$

$$\Delta y=|y|\left|\frac{\Delta y}{y}\right|=3.00\times 0.0055=0.016$$

(4) 乘方或方根

设 $y=x^m$，由式(3-12) 得

$$\left|\frac{\Delta y}{y}\right|=m\left|\frac{\Delta x}{x}\right| \tag{3-17}$$

(5) 对数

设 $y=\ln x$，由式(3-12) 得

$$\Delta y=\left|\frac{1}{x}\right|\Delta x \tag{3-18}$$

3.5.3 误差传递公式在间接测量中的应用

在实验研究过程中，对于间接变量的测定和误差分析，通常会遇到两类问题：一是当已知一组直接可测变量的误差后，计算间接变量的误差；二是预先规定间接变量的误差，计算各直接可测变量所允许的最大误差，从而为改进测定方式或选择适当的检测仪表提供依据。

【例 3-4】 用量热器测定固体的比热容 C_P，可采用下式进行计算

$$C_p=\frac{M(t_2-t_0)}{m(T_0-t_2)}C_{pH_2O}$$

式中，M——量热器内水的质量，kg；m——被测固体的质量，kg；t_0——测量前水的温度，℃；T_0——被测物体放入量热器前的温度，℃；t_2——测量时水的温度，℃；C_p——被测固体的比热容，kJ/(kg·℃)；C_{pH_2O}——水的比热容，kJ/(kg·℃)。

测量结果如下：

$M=(250\pm0.2)$g；　$m=(62.31\pm0.02)$g；

$t_0=(13.52\pm0.01)$℃；$T_0=(99.32\pm0.04)$℃；

$t_2=(17.79\pm0.01)$℃。

试求固体比热容的真值，并分析能否提高其测量精度。

解： 先计算各直接变量的绝对误差和误差传递函数值。为方便计，令

$$t=t_2-t_0=4.27℃,\quad T=T_0-t_2=81.53℃$$

则原方程可改写为

$$C_p=\frac{Mt}{mT}C_{pH_2O}$$

各变量的绝对误差为

$$\Delta M=0.2\text{g},\quad \Delta m=0.02\text{g}$$

$$\Delta t=|\Delta t_2|+|\Delta t_0|=0.01+0.01=0.02℃$$

$$\Delta T=|\Delta T_0|+|\Delta t_2|=0.04+0.01=0.05℃$$

各变量的误差传递函数为

$$\frac{\partial C_p}{\partial M}=\frac{t}{mT}=\frac{4.27}{62.31\times81.53}=8.41\times10^{-4}$$

$$\frac{\partial C_p}{\partial m}=-\frac{Mt}{m^2T}=\frac{250\times4.27}{62.31^2\times81.53}=-3.37\times10^{-3}$$

$$\frac{\partial C_p}{\partial t}=\frac{M}{mT}=\frac{250}{62.31\times 81.53}=4.92\times 10^{-2}$$

$$\frac{\partial C_p}{\partial T}=-\frac{Mt}{mT^2}=\frac{250\times 4.27}{62.31\times 81.53^2}=-2.58\times 10^{-3}$$

函数的绝对误差

$$\Delta C_p=8.41\times 10^{-4}\times 0.2+|-3.37\times 10^{-3}\times 0.02|+4.92\times 10^{-2}\times 0.02+|-2.58\times 10^{-3}\times 0.05|$$
$$=1.3486\times 10^{-3}\approx 1\times 10^{-3}\text{J/(g·K)}$$

固体比热容的测量值为

$$C_p=\frac{250\times 4.27}{62.31\times 81.53}=0.2101\text{J/(g·K)}\approx 0.210\text{J/(g·K)}$$

固体比热容 C_p 的真值为

$$C_p=(0.2101\pm 0.001)\text{J/(g·K)}$$

如果要确定提高测量精度的可能性，须从分析各变量的相对误差方面考虑

$$\frac{\Delta M}{M}=\frac{0.2}{250}\times 100\%=0.08\%;\quad \frac{\Delta m}{m}=\frac{0.02}{62.31}\times 100\%=0.032\%$$

$$\frac{\Delta t}{t}=\frac{0.02}{4.27}\times 100\%=0.468\%;\quad \frac{\Delta T}{T}=\frac{0.05}{81.53}\times 100\%=0.061\%$$

比较各变量的相对误差，现 t 的相对误差最大，是 M 的5.85倍，是 m 的14.63倍。显然，为了提高 C_p 的测量精度，须改善 t 的测量精度，即提高测量水温的温度计精度。如采用贝克曼温度计，最小分度值为0.002℃，精度可达±0.001℃，t 的相对测量误差变为

$$\frac{\Delta t}{t}=\frac{0.002}{4.27}\times 100\%=0.0468\%$$

这样，在提高了 t 的测量精度后，各变量的测量精度就基本相当，C_p 的绝对测量误差为

$$\Delta C_p=8.41\times 10^{-4}\times 0.2+|-3.37\times 10^{-3}\times 0.02|+4.92\times 10^{-2}\times 0.002+|-2.58\times 10^{-3}\times 0.05|$$

$$=4.63\times 10^{-4}\approx 5\times 10^{-4}\text{J/(g·K)}$$

系统提高精度后，C_p 的真值为

$$C_p=(0.2101\pm 5\times 10^{-4})\text{J/(g·K)}$$

3.6 实验数据处理的重要性

实验数据处理是整个实验研究过程中的一个重要环节，其目的是将实验中获得的大量数据经去伪存真，去粗取精后，再进一步计算处理，最终整理得出各变量之间的定量或定性关系。实际上，对于一个考虑周密、设计完善的实验研究方案，数据处理绝不仅是实验结束后的一个工作步骤，而是贯穿于整个实验研究过程的始终，如实验变量的确定、实验范围的选择、实验点的布置、变量关系的表达方式等，都伴有大量的数据处理工作。此外，数据处理方法的选择也是相当重要的，它直接影响实验工作量的大小和实验结果的质量。因此，在实验研究过程中应充分重视数据处理的工作。

3.7 实验数据的处理方法

实验数据的处理方法一般可分为列表法、图示法和数学模型法三种方法。

① 列表法　将实验数据以表格形式表示，以反映出各变量之间的对应关系。通常，这仅是数据处理过程前期的工作，是为随后的曲线标绘或函数关系拟合作准备。

② 图示法　将实验数据在坐标纸上绘成曲线，不仅可以直观而清晰地表达出各变量的相互关系，而且可以根据曲线的形状，分析判断变量的变化规律，从而帮助读者确定适当的函数形式来表示变量间的关系，必要时，还可以借助于曲线进行图解积分和微分。

③ 数学模型法　采用适当的数学方法将实验数据按一定的函数形式整理成数学方程。这种方法的优点是结果简捷，而且便于使用计算机进行计算。

3.7.1 实验数据的列表法

实验数据表可分为原始数据记录表，中间运算表和实验最终结果表。

原始数据记录表须在实验开始之前设计好。例如，流体流动阻力实验原始数据记录表的格式如表 3-1 及表 3-2 所示。

表 3-1　原始数据记录表 1

直管管长：________/m；　　局部阻力阀门管径：________/mm；
直管管径：________/mm；　　涡轮流量计系数：________/(s/L)
水温：________/℃

序号	涡轮流量计频率数 f	测直管阻力 U 形压差计读数/mm		测局部阻力 U 形压差计读数/mm	
		左	右	左	右
1					
2					
3					
4					
…					

表 3-2　原始数据记录表 2

序号	流量 q_v /(L/h)	直管阻力压差 $1\Delta p_1$ /kPa	直管阻力压差 $2\Delta p_2$ /kPa	局部阻力压差 $3\Delta p_3$ /kPa
1				
2				
3				
…				

在实验过程中每完成一组实验数据的测定，须及时将有关数据记录表中，当实验完成时，就得到一张完整的原始数据记录表。切忌按操作岗位分开单独记录，实验结束后再汇总成表的记录方法，这种方法既费时又容易造成差错。

中间运算表是记录数据处理过程的中间结果。使用该表有助于计算方便，不易混乱，而且可清楚地表达中间计算步骤和结果，便于检查。仍以流体阻力实验为例，中间运算表的形式如表 3-3 所示。

表 3-3 中间运算表

序号	流速 /(m/s)	$Re\times10^{-4}$	直管压差 Δp_L /(N/m²)	局部压差 Δp_P /(N/m²)	直管阻力 /(J/kg)	局部阻力 /(J/kg)	摩擦系数 $\times10^2$	阻力系数 λ
1								
2								
3								
…								

实验最终结果表简明扼要，只用于表达主要变量之间的关系和实验结论。例如，流体流动阻力实验中摩擦系数和局部阻力系数与雷诺数之间的关系如表 3-4 所示。

表 3-4 实验最终结果表

序号	直管阻力		局部阻力	
	$Re\times10^{-4}$	$\lambda\times10^2$	$Re\times10^{-4}$	ζ
1 2 3 …				

在制订表格和记录实验数据时要注意以下几点：

① 在表格的表头中要列出变量名称和计量单位。计量单位不宜混在数字之中，以免分辨不清。

② 记录数字要注意有效位数，要与测量仪表的精度相适应。

③ 数字较大或较小时要用科学计数法表示，其中，表示数量级的阶数部分，即 $10^{\pm n}$，要记在表头中。

④ 表格的标题要简明，能恰当说明实验内容，数据书写要清楚整齐，不得潦草。

3.7.2 实验数据的图示法

图示法是将离散的实验数据或计算结果标绘在坐标纸上，用光滑连接的方法将各数据点用直线或曲线联结起来，从而直观地反映出因变量和自变量之间的关系。如果图中有多条曲线，请用不同图标加以区分与加注，再根据图中曲线的形状，分析和判断变量间函数关系的极值点、转折点、变化率及其他特性，还可对不同条件下的实验结果进行直接比较。

应用图示法时经常遇到的问题是怎样选择适当的坐标纸和如何合理地确定坐标分度。

3.7.2.1 坐标纸的选择

在化工研究过程中经常使用的坐标系统有直角坐标系，对数坐标系和半对数坐标系，市场上文化用品商店中有相应的坐标纸出售。

坐标纸的选择一般是根据变量数据的关系或预测的变量函数形式来确定，其原则是尽量使变量数据的函数关系接近直线。这样，可使得数据处理工作相对容易。

① 直线关系 变量间的函数关系形如 $y=a+bx$，选用直角坐标纸。

② 指数函数关系 形如 $y=a^{bx}$，选用半对数坐标纸，因 $\lg y$ 与 x 呈直线关系。

③ 幂函数关系　形如 $y=ax^b$，选用对数坐标纸，因 $\lg y$ 与 $\lg x$ 呈直线关系。

另外，若自变量和因变量两者均在较大的数量级范围内变化，亦可采用对数坐标；其中若任何一变量的变化范围较另一变量的变化范围大一些数量级，则宜选用半对数坐标纸。

3.7.2.2　对数坐标的特点

对数坐标的特点是：某点的坐标示值是该点的变量数值，但纵、横坐标至原点的距离却是该点相应坐标变量数值的对数值。例如，当 $x=5$ 时，y 的观测值为 8，则该实验点在对数坐标中的点坐标为（5，8）。但是，该点的横坐标至原点的距离为 $\lg 5=0.7$，纵坐标至原点的距离为 $\lg 8=0.9$。因此，在对数坐标中，直线的斜率 k 应为

$$k=\lg\alpha=\frac{\lg y_2-\lg y_1}{\lg x_2-\lg x_1}$$

而 (x_1, y_1) 和 (x_2, y_2) 为直线上任意两点的坐标值。

在对数坐标上，1、10、100、1000 等之间的实际距离是相同的。因为上述各数相应的对数值分别为 0、1、2、3 等。

3.7.2.3　坐标分度

坐标分度是指坐标轴单位长度所代表的物理量数值的大小，亦即坐标的比例尺。如果变量 x，y 的测量误差分别为 Δx 和 Δy，则其真值分别为 $x\pm\Delta x$ 和 $y\pm\Delta y$。因此，当将 x，y 标绘于坐标纸上时，“实验点”应为边长分别为 $2\Delta x$ 和 $2\Delta y$ 的“矩形点”。坐标比例尺的选择与实验误差大小有密切关系，如果坐标比例尺选择不当，曲线图形将不能逼真地反映实验变量间的关系。

例如，对于如下一组实验数据，当 x、y 的测量误差分别为 0.05、0.2 时，实验结果图形如图 3-2(a)、(b) 所示；当 Δx 和 Δy 分别为 0.05、0.04 时，实验结果图形如图 3-2(c)、(d) 所示。

x	1.0	2.0	3.0	4.0
y	8.0	8.2	8.3	8.0

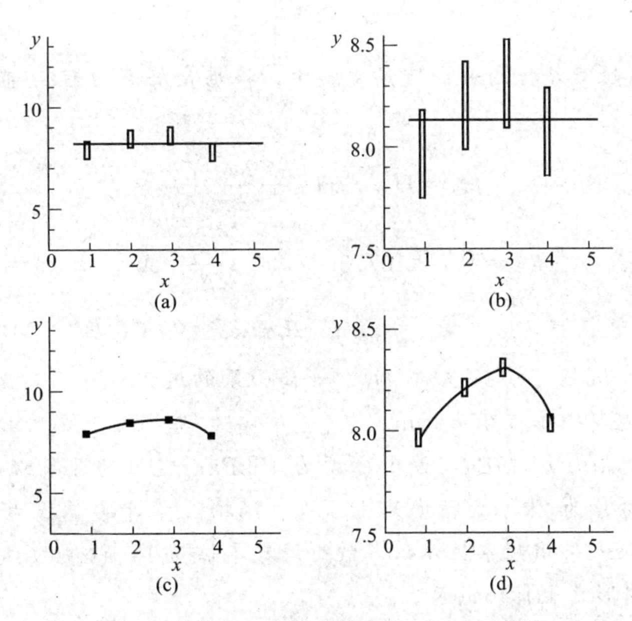

图 3-2　实验误差和坐标比例尺对图形的影响

由图 3-2 可见，由于坐标比例尺和实验误差不同，对于同一组实验数据，实验结果的图形有明显不同。当通过实验点进行“曲线圆滑”时，就有可能得出不同的结论，如从上述图 3-2(a) 和图 3-2(b) 中就可能认为变量 y 与 x 呈线性关系；而从图 3-2(c) 和图 3-2(d) 中又可能得出 y 与 x 是非线性关系且 y 有最大值的结论。

从数学上讲，变量间的函数关系仅取决于自变量和因变量的数值，而与坐标的比例大小没有任何关系。在数据处理过程中之所以出现上述困惑，是由于坐标比例尺选择不当所致，如果实验点表示的图形太长，会造成误判。为了得到理想的图形，比例尺的大小应恰当，使实验数据的矩形“点”近似于正方形，并且误差不能太大，当 $2\Delta x=2\Delta y=2\text{mm}$ 时，观察最方便。根据这一原则，坐标的比例尺 M 应为

对 x 轴
$$M_x=\frac{2}{2\Delta x}=\frac{1}{\Delta x}\text{mm}/[x] \tag{3-19}$$

对 y 轴
$$M_y=\frac{1}{2\Delta y}=\frac{1}{\Delta y}\text{mm}/[y] \tag{3-20}$$

其中，Δx、Δy 的单位为物理量单位。因此，M 的物理意义即为用 M(mm) 的长度来表示一个物理量单位。图 3-3 中表示出在恰当的坐标比例尺下的实验点和圆滑曲线图形。

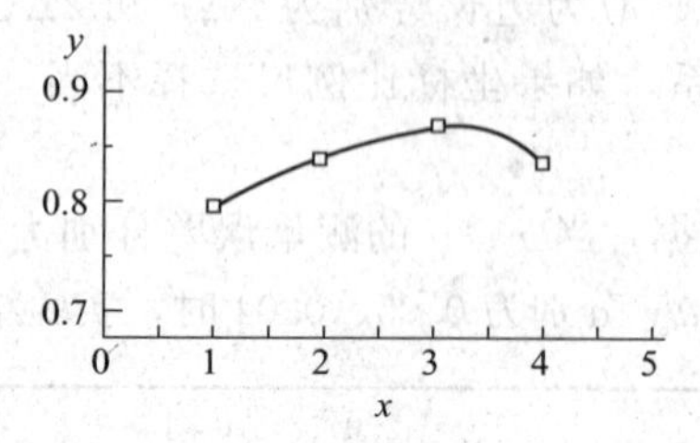

图 3-3 恰当坐标比例尺下的图形

【例 3-5】 在离心泵特性曲线的测定实验中，根据伯努利方程，可得到离心泵的扬程 H_e 的关系式

$$H_e=H_压+H_真+\frac{\Delta u^2}{2g}+h_0$$

$$H_压=P_压\times102,\quad H_真=P_真\times10/735.7,\quad \frac{\Delta u^2}{2g}=Aq_v^2,\quad A=\frac{8}{\pi^2 g}\left(\frac{1}{D_o^4}-\frac{1}{D_i^4}\right)$$

式中，H_e——离心泵扬程，m 液柱；$p_压$——压强表读数（表压），MPa；$p_真$——真空表读数，MPa；q_v——流量，L/s；D_i、D_o——离心泵的进出口管径，mm；h_0——真空表与压力表两测压孔之间的垂直距离，m。

压强表的量程为 0～0.4MPa，最小分度为 10kPa，精度为 1.5 级。真空表的量程为 0～0.1MPa，最小分度为 2kPa，精度为 1.5 级。涡轮流量计的量程为 1.6～10m³/h，精度为 0.5 级，二次仪表采用频率显示仪，最小读数单位为 1，精度为 0.5 级。试计算扬程 H_e 与流量 q_v 关系图形的坐标比例尺。

解：欲求H_e与q_v关系图形的坐标比例尺，要先计算其误差。

(1) 流量的误差及坐标比例尺

流量仪表的示值误差

$$\Delta q_{v读}=0.01\text{L/s}$$

流量系统仪表的静态测量误差为

$$\begin{aligned}\Delta q_{v仪}&=精度\times量程\\&=[(1+0.5\%)\times(1+0.5\%)-1]\times(10-1.6)\times10^3\div3600=0.0234\text{L/s}\end{aligned}$$

$$\Delta q_v\in\max(\Delta q_{v读},\Delta q_{v仪})$$

流量的测量误差取上述二值中较大的数值，因此，流量坐标（横坐标）的比例尺为

$$M_{q_v}=\frac{2}{2\Delta q_v}=\frac{1}{0.0234}\approx42\text{mm/(L/s)}$$

实际标绘为了应用方便，可选取M_{q_v}为40mm/(L/s)或50mm/(L/s)。

(2) 扬程误差及坐标比例尺

根据函数误差的计算公式，得

$$\Delta H_e=\Delta H_压+\Delta H_真+2Aq_v\Delta q_v$$

由于流量的测量误差很小，可忽略不计。

压强表的误差计算如下。

示值误差 $\Delta H_{压读}=\frac{1}{4}\times最小刻度=\frac{1}{4}\times0.01=0.0025\text{MPa}$

仪表误差 $\Delta H_{压仪}=精度\times量程$

$$=1.5\%\times(0.40-0)=0.006\text{MPa}$$

$\Delta H_压\in\max(\Delta H_读,\Delta H_仪)$

真空表的误差计算如下。

示值误差 $\Delta H_{真读}=\frac{1}{4}\times最小刻度=\frac{1}{4}\times0.002=0.0005\text{MPa}$

仪表误差 $\Delta H_{真仪}=精度\times量程$

$$=1.5\%\times(0.1-0)=0.0015\text{MPa}$$

$$\Delta H_真\in\max(\Delta H_读,\Delta H_仪)$$

扬程常规以水柱表示，因此，扬程的误差为

$$\Delta H_e=\Delta H_压+\Delta H_真=0.006+0.0015=0.0075\text{MPa}=0.765\text{mH}_2\text{O}$$

扬程坐标（纵坐标）的比例尺为

$$M_{H_e}=\frac{2}{2\Delta H_e}\approx1.3\text{mm/mH}_2\text{O}$$

实际标绘为了应用方便，可选取M_{H_e}圆整为2mm代表1mH_2O或1mm代表1mH_2O。

3.7.2.4 曲线的标绘

标绘实验曲线需要有足够的实验数据点，绘制的曲线一般应该光滑圆润，如果存在转折点，在转折点附近要有较多的实验点。由于实验数据存在误差，标绘的曲线不一定通过每一个实验点，但实验点必须均匀地分布于曲线两侧。

为了得到较满意的曲线，在标绘时应先由肉眼观察，初步确定曲线的趋势，并用铅笔轻微勾绘粗略的曲线，最后经适当修正后，用曲线板画出最后形状的光滑曲线。

3.7.3 实验数据的数学模型法

数学模型法又称为公式法或函数法，亦即用一个或一组函数方程式来描述过程变量之间的关系。就数学模型而言，可以是纯经验的，也可以是半经验的或理论的。选择的模型方程好与差取决于研究者的理论知识基础与经验。无论是经验模型还是理论模型，都会包含一个或几个待定系数，即模型参数。采用适当的数学方法，对模型函数方程中的参数估值并确定所估参数的可靠程度，是数据处理中的重要内容。

3.7.3.1 数学模型的形式

(1) 经验模型

在化工研究过程中广泛使用着大量的经验模型，这些经验模型都是通过对实验数据的统计拟合而得。以下是几种常用的方程形式。

① 多项式　其通式为 $y=a_0+a_1x+a_2x^2+\cdots+a_mx^m=\sum_{i=0}^{m}a_ix^i$。若自变量数在两个以上，可采用下述形式 $y=a_0+a_1x_1+b_1x_2+c_1x_1x_2+a_2x_1^2+b_2x_2^2+c_2x_1^2x_2^2+\cdots$。对于流体的物性，例如比热容，密度，汽化热等与温度的关系，常采用多项式关联。

② 幂函数　其一般形式为 $y=a_0x_1^{a_1}x_2^{a_2}\cdots x_m^{a_m}$。在动量、热量、质量传递过程中的无量纲特征数之间的关系，多以幂函数的形式表示。

③ 指数函数　指数函数的一般形式为 $y=a_0\mathrm{e}^{a_1x}$。在化学反应、吸附、离子交换，以及其他非稳态过程，常以此种函数形式关联变量间的关系。

(2) 理论模型

理论模型又称机理模型，是根据化工过程的基本物理原理推演而得。过程变量间的关系可用物料衡算、能量衡算、过程速率和相平衡关系四大法则来进行描述。过程中所有不确定因素的影响可归并于模型参数中，通过必要的实验和有限的数据对模型参数加以确定。

3.7.3.2 模型参数的估值方法

关于模型参数的估值的提法可有几种：通过观测数据作曲线（方程）称为曲线拟合；用观测数据计算已知模型函数中的参数称为模型参数估计；由观测数据给出模型方程参数的最小二乘估计值并进行统计检验称为回归分析。论述有关模型参数估值的具体方法的专著已有很多，因此本文仅对参数的估值方法选择的原则作简要介绍。

(1) 模型参数估值的目标函数

模型参数估值的目标函数一般根据最小二乘法原理构造。过程变量之间的函数关系以下式表示

$$y=f(\vec{x},\vec{b}) \tag{3-21}$$

$$\vec{x}=(x_1,x_2,\cdots,x_m)^T$$

$$\vec{b}=(b_1,b_2,\cdots,b_k)^T$$

式中，x——自变量；b——模型参数。

通常总是期望模型计算值与实验值之间的偏差最小。则目标函数为

$$F=\sum_{i=1}^{n}(y_i-y^*)=\sum_{i=1}^{n}[f(\vec{x}_i,\vec{b}_i)-y_i^*]^2=\text{Min} \tag{3-22}$$

这样，在给定实验数据 x_i，y_i后，F 就成为与 $\vec{b}$ 有关的函数了。剩下的问题是采用有效的数学方法求得“最优”的 $\vec{b}$，使 F 最小。

(2) 模型参数的估值方法

模型参数的估值在数学上是一个优化问题，根据模型方程的形式可以分为代数方程或微分方程参数估值；根据参数的多少可以分为单参数或多参数估值。对于线性代数方程，可用线性回归（拟合）方法求取模型参数；对于非线性代数方程，常用的方法有高斯-牛顿（Gauss-Newton）法、马尔夸特（Marguardt）法、单纯形（Simplex）法等。对于微分方程，可采用解析方法、数值积分方法或数值微分方法求解。

第4章

化工测量技术及常用仪表

4.1 概述

流体（气体、液体）的流量、温度、压强（工程上也俗称压力）以及组成等参数是化工生产和科学实验中的重要信息，是必须测量的流体基本参数。用来测量这些参数的仪表统称为化工测量仪表。化工测量仪表的种类很多，本章主要介绍实验室常用压力、温度和流量测量仪表的工作原理、选用及安装使用的一些基本知识，关于组分分析的有关内容，读者可参考分析化学专业相关书籍作进一步了解。

化工测量仪表一般由检测（包括变送）、传送、显示三个基本部分组成，检测部分通常与被测介质直接接触，并依据不同的原理和方式将被测的压强、流量或温度信号转变为易于传送的物理量，如机械力、电信号等；传送部分一般只起信号能量的传递作用；显示部分则将传送来的物理量信号转换为可读信号，常见的显示形式有：指示、记录、声光报警等。根据不同的需要，检测、传送、显示这三个基本部分可集成在一台仪表内，比如弹簧管式压强表；也可分散为几台仪表，比如仪表室对现场设备操作时，检测部分在现场，显示部分在仪表室，而传送部分则在两者之间。

使用者在选用测量仪表时必须考虑所选仪表的测量范围与精度。特别是检测、传送、显示三个基本部分分散为几台仪表的场合，相互间必须统筹兼顾，否则将引入较大的测量误差。这在本书“误差分析”的相关章节中已有论述。

4.2 流体压强的测量方法

在化工生产和实验中，经常遇到流体静压强的测量问题。常见的流体静压强测量方法有三种：

① 液柱式测压法，将被测压强转变为液柱高度差；

② 弹性式测压法，将被测压强转变为弹性元件形变的位移；

③ 电气式测压法，将被测压强转变为某种电量（比如电容或电压）的变化。

一般而言，由上述方法测得的压强均为“表压值”，即以物理大气压为基准的压强值。

表压值加物理大气压值等于绝对压强值。

4.2.1　液柱式压强（力）计

液柱式压强计是基于流体静力学原理设计的。结构比较简单、精度较高。既可用于测量流体的压强，又可用于测量流体管道两点间的压强差。它一般由玻璃管制成。由于指示液与玻璃管会发生毛细现象，所以在自制液柱式压强计时应选用内径不小于 5mm（最好大于 8mm）的玻璃管，以减小毛细现象引起的误差。同时，受玻璃管的耐压能力低和长度所限，只能用于 0.1MPa 以下的正压或负压（或压差）的场合。液柱式压强计的常见形式有以下几种。

(1) U 形管压强（力）计

如图 4-1 所示，这是一种最基本的液柱式压强计，它是用一根粗细均匀的玻璃管弯制而成，也可用两支粗细相同的玻璃管做成连通器形式。玻璃管内充填某种工作指示液（如水银、水等）。使用前，U 形管压强计的工作液处于平衡状态，当作用于 U 形管压强计两端的势能不同时，管内一侧液柱下降而另一侧则上升。外界势能差达到稳定，则两侧液柱达到新的平衡状态。此时两侧液柱的液面高度差为 R，可表示为

$$p_1 + Z_1\rho g + R\rho g = p_2 + Z_2\rho g + R\rho_i g \tag{4-1}$$

或

$$(p_1 - p_2) + (Z_1 - Z_2)\rho g = R(\rho_i - \rho)g$$

(2) 单管式压强（力）计

单管式压强计是 U 形管压强计的一种变形，即用一只杯形物代替 U 形管压强计中的一根管子，如图 4-2 所示。由于杯形物的截面远大于玻璃管的截面（一般二者的比值须大于或等于 200 倍），所以在其两端作用不同压强时，细管一边的液柱从平衡位置升高到 h_1，杯形一边下降到 h_2。根据等体积原理，h_1 远大于 h_2，故 h_2 可忽略不计。因此，在读数时只要读取 h_1 即可。

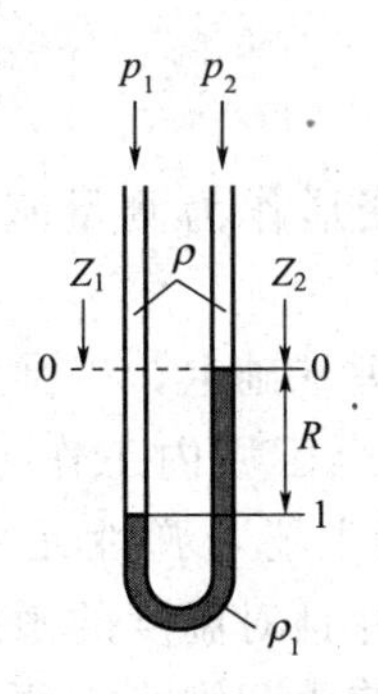

图 4-1　U 形管压强计

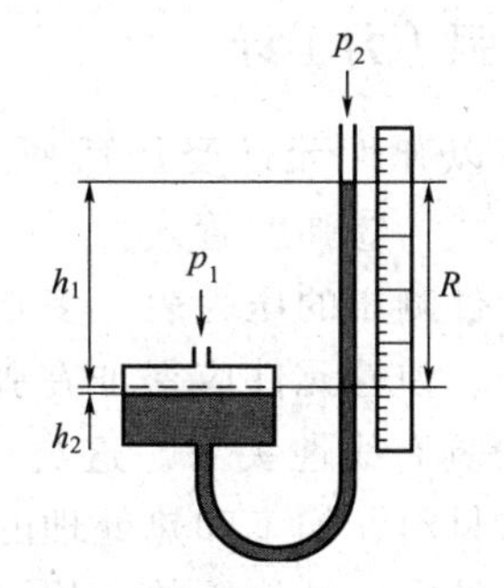

图 4-2　单管式压强计

(3) 倾斜式压强（力）计

倾斜式压强计是把单管式压强计或 U 形管压强计的玻璃管与水平方向作 α 角度的倾斜，如图 4-3 所示。倾斜角度的大小可根据需要调节。它使读数放大了 $\frac{1}{\sin\alpha}$ 倍，即

$$R' = \frac{R}{\sin\alpha} \tag{4-2}$$

可用于测量流体的小压差，且提高了读数分辨率。

(4) 倒 U 形管压强（力）计

倒 U 形管压强计如图 4-4 所示。指示剂为空气。一般用于测量液体小压差的场合。由于工作液体在两个测量点上压强不同，故在倒 U 形的两根支管中上升的液柱高度也不同，则

$$p_1-p_2=R(\rho-\rho_{空气})g\approx R\rho g \tag{4-3}$$

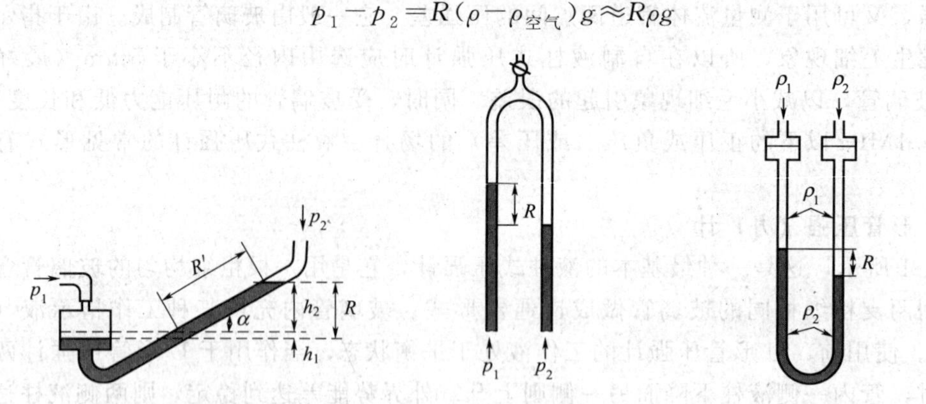

图 4-3 倾斜式压强计 图 4-4 倒 U 形管压强计 图 4-5 双液液柱压差计

(5) 双液液柱压差计

双液液柱压差计如图 4-5 所示。它一般适用于测量气体压差的场合。ρ_1 和 ρ_2 分别代表两种指示液的密度。由流体静力学原理知

$$p_2-p_1=R(\rho_2-\rho_1)g \tag{4-4}$$

当 p_2-p_1 很小时，为了扩大读数 R，减小相对读数误差，可以通过减小（$\rho_2-\rho_1$）来实现。（$\rho_2-\rho_1$）越小，R 就越大，但两种指示液必须有清晰的分界面。工业实际应用时常以石腊油和工业酒精为指示介质，实验室中常以苯甲基醇和氯化钙溶液为指示介质。氯化钙溶液的密度可以用不同的浓度来调节。

4.2.2 弹性式压强（力）计

弹性式压强计是以弹性元件受压后所产生的弹性变形作为测量基础。一般分为三类：①薄膜式；②波纹管式；③弹簧管式。

利用各种弹性元件测压的压力表，多是在力平衡原理基础上，以弹性变形的机械位移作为转换后的输出信号。弹性元件应保证在弹性变形的安全区域内工作，这时被测压力 p 与输出位移 x 之间一般具有线性关系。这类压力表的性能主要与弹性元件的特性有关。各种弹性元件的特性则与材料、加工和热处理的质量有关，并且对温度的敏感性较强。但是弹性压力表由于测压范围较宽、结构简单、价格便宜、现场使用和维修方便，所以在化工和炼油生产乃至实验室中仍然获得广泛的应用。

常用的弹性元件有波纹膜片和波纹管，多作微压和低压测量；单圈弹簧管（又称波登管）和多圈弹簧管，可作高、中、低压直到真空度的测量。几种弹性元件的结构及其特性见表 4-1。

现以最常见的单圈弹簧管式压强计为例，说明弹性式压强计的工作原理。

单圈弹簧管是弯成圆弧形的空心管子，如图 4-6 所示。它的截面呈扁圆形或椭圆形，圆的长轴 a 与图面垂直的弹簧管中心轴 O 相平行。管子封闭的一端为自由端，即位移输出端。管子的另一端则是固定的，作为被测压力的输入端。

表 4-1 弹性元件的结构和特性

类别	名称	示意图	测量范围/(kgf/cm²)		输出特性	动态性质	
			最小	最大		时间常数/s	自振频率/Hz
薄膜式	平薄膜		0～10^{-1}	0～10^3		10^{-5}～10^{-2}	10～10^4
	波纹膜		0～10^{-5}	0～10		10^{-3}～10^{-1}	10～100
	挠性膜		0～10^{-7}	0～1		10^{-2}～1	1～100
波纹管式	波纹管		0～10^{-5}	0～10		10^{-2}～10^{-1}	10～100
弹簧管式	单圈弹簧管		0～10^{-3}	0～10^4		—	100～1000
	多圈弹簧管		0～10^{-4}	0～10^3		—	10～100

注：1kgf/cm² = 0.1MPa。

作为压力-位移转换元件的弹簧管，当它的固定端 A 通入被测压力 p 后，由于椭圆形截面在压力 p 的作用下将趋向圆形，弯成圆弧形的弹簧管随之产生向外挺直的扩张变形，其自由端就由 B 移到 B'，如图 4-6 上虚线所示，弹簧管的中心角随即减小 $\Delta\gamma$。根据弹性变形原理可知，中心角的相对变化值 $\Delta\gamma/\gamma$ 与被测压力 p 成比例。通过机械传递，将中心角的相对变化转变为指针变化，即可测得压强值。

4.2.3 电气式压强（力）计

电气式压强计一般用于测量快速变化、脉动压力和高真空、超高压等场合，比如应变片式压强计。应变片常由半导体材料制成，它的电阻值 R 随压力 p 所产生的应变而变化。在受压的情况下，半导体材料的电阻变化率远远大于金属材料。这是因为在半导体（例如单晶硅）的晶体结构上施压后，会暂时改变晶体结构的对称性，从而改变了半导体的导电性能，表现为它的电阻率的变化。应变片式压力传感器就是利用应变片作为转换元件，把被测压强转换为应变片电阻值变化，然后经桥式电路得到毫伏级电量并传输给显示单元，组成应变片式压强计。

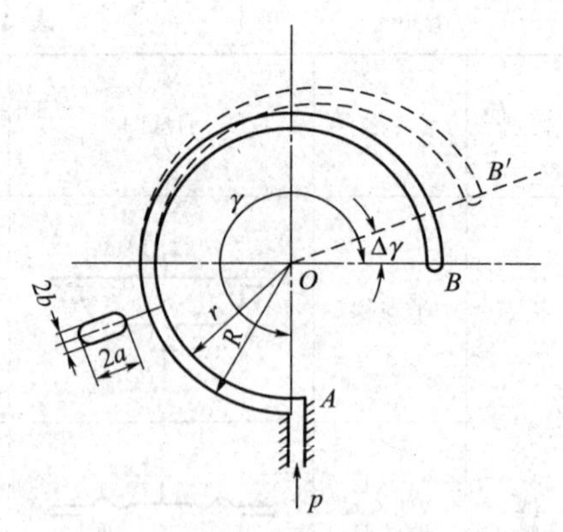

图 4-6 单圈弹簧管

A—弹簧管的固定端；B—弹簧管的自由端；O—弹簧管的中心轴；γ—弹簧管中心角的初始值；$\Delta\gamma$—中心角的变化量；R，r—弹簧管弯曲圆弧的外径和内径；a，b—弹簧管椭圆截面的长半轴和短半轴

4.2.4 测压仪表的选用

测压仪表的选用应根据使用要求，针对具体情况作具体的分析。在符合工艺生产过程所提出的技术要求条件下，本着节约原则，合理地选择种类、型号、量程和精度等级。有时还需要考虑是否需带有报警、远传变送等附加装置。

选用的依据主要有：

① 工艺生产过程对压力测量的要求。例如压力测量精度、被测压力的高低、测量范围，以及对附加装置的要求等。

② 被测介质的性质。例如被测介质温度高低、黏度大小、腐蚀性、脏污程度、易燃易爆等。

③ 现场环境条件。例如高温、腐蚀、潮湿、振动等。

除此以外，对弹性式压强计，为了保证弹性元件能在弹性变形的安全范围内可靠地工作，在选择压强计量程时必须考虑到留有足够的余地。一般，在被测压力较稳定的情况下，最大压力值应不超过满量程的 3/4；在被测压力波动较大的情况下，最大压力值应不超过满量程的 2/3。为保证测量精度，被测压力最小值以不低于全量程的 1/3 为宜。

4.2.5 测压仪表的安装

为使压强计发挥应有的作用，不仅要正确选用，还需特别注意正确安装。安装时一般要求如下。

① 测压点。除正确选定设备上的具体测压位置外，在安装时应使插入设备中的取压管内端面与设备连接处的内壁保持平齐，不应有凸出物或毛刺，且测压孔不宜太大，以保证正确地取得静压力。同时，在测压点的上、下游应有一段直管稳定段，以避免流体动能对测量的影响。

② 安装地点应力求避免振动和高温的影响。

③ 测量蒸汽压力时，应加装凝液管，以防止高温蒸汽与测压元件直接接触；对于腐蚀性介质，应加装充有中性介质的隔离罐。总之，针对被测介质的不同性质（高温、低温、腐蚀、脏污、结晶、沉淀、黏稠等），应采取相应的防温、防腐、防冻、防堵等措施。

④ 取压口到压强计之间应装有切断阀门，以备检修压强计时使用。切断阀应装设在靠近取压口的地方。需要进行现场校验和经常冲洗引压导管的场合，切断阀可改用三通开关。

⑤ 引压导管不宜过长，以减少压力指示的迟缓。

测压仪表的种类、特点和应用范围等可参阅表 4-2。

表 4-2 测压仪表的种类、特点和应用范围

类别	名称	特点	测量范围	精度	应用范围
液柱式压力表	U 形管压力计	结构简单，制作方便，但易破损	0～20000Pa 0～2000mmHg	1.5	测量气体的压力及压差。也可用作差压流量计、气动单元组合仪表的校验
	杯形压力计{单管 多管		3000～15000Pa −2500～6300Pa		
	倾斜式压力计		400，1000，1250 ±250，±500Pa	1	测量气体微压，炉膛微压及压差
	补偿式微压计		0～1500Pa	0.5	
普通弹簧管式压力表	普通弹簧管压力表电接点压力表{防爆 非防爆	结构简单，成本低廉使用维护方便	−0.1～60MPa	1.5 2.5	非腐蚀性、无结晶的液体、气体、蒸汽的压力和真空。防爆场合电接点压力表应选防爆型
	双针双管压力表		0～2500kPa	1.5	测量无腐蚀介质的两点压力
	双面压力表		0～2.5MPa		两面显示同一测量点的压力
	标准压力表（精密压力表）	精度高	−0.1～250MPa	0.25 0.4	校验普通弹簧管压力表，以及精确测量无腐蚀性介质的压力和真空度
专用弹簧管式压力表	氨用压力表（电接点的为非防爆）	弹簧管的材料为不锈钢	−0.1～50MPa	1.5	液氨、氨气及其混合物和对不锈钢不起腐蚀作用的介质
	氧气压力表	严格禁油			测量氧气的压力
	氢气压力表		0～60MPa	2.5	测量氢气的压力
	乙炔压力表		0～2.5MPa	2.5	测量乙炔气的压力
	耐硫压力表（H_2S 压力表）		0～40MPa	1.5	测量硫化氢的压力
膜片式压力表	膜片压力表	膜片材料为1Cr18Ni9Ti和含钼不锈钢	−0.1～2.5MPa	2.5	测量腐蚀性、易结晶、易凝固、黏性较大的介质压力和真空
	隔膜式耐蚀压力表		0～6MPa		
	隔膜式压力表		0～6MPa		

4.3 流体流量的测量方法

流量是指单位时间内流过通道截面的流体量。若流过的量以体积表示，称为体积流量 Q_v；以质量表示，称为质量流量 Q_m；以重量表示，称为重量流量 Q_w。它们之间的关系为

$$Q_m=\frac{Q_w}{g}=\rho Q_v \tag{4-5}$$

式中，g——测量地的重力加速度；ρ——被测流体的密度，它随流体的状态而变。因此，以体积流量描述时，必须同时指明被测流体的压强和温度。为了便于比较，以标准技术状态下（压强 0.1013MPa，温度 20℃）的体积流量来表示。一般而言，以体积流量描述的流量计，其指示刻度的标定都是以水或空气为介质，在标准技术状态下进行的。若使用条件和工

厂标定条件不符时，需进行修正或现场重新标定。

测量流量的方法大致可分为以下三类。

① 速度式测量方法　以流体在通道中的流速为测量依据。这类仪表种类繁多，常见的有：节流式流量计、转子流量计、涡轮流量计、靶式流量计等。

② 体积式测量方法　以单位时间内排出流体的固定体积数为测量依据。这类仪表常见的有：湿式气体流量计、皂膜流量计、椭圆齿流量计等。

③ 质量式测量方法　以流过的流体质量为测量依据。这类仪表目前常见的主要有直接式和补偿式两种。

4.3.1　速度式测量方法

4.3.1.1　节流式流量计

节流式流量计中较为典型的有孔板流量计和喷嘴流量计，它们都是基于流体的动能和势能相互转化的原理设计的。其基本结构如图 4-7 和图 4-8 所示。流体通过孔板或喷嘴时流速增加，从而在孔板或喷嘴的前后产生势能差。这一势能差可以由引压管在压差计或差压变送器上显示出来。

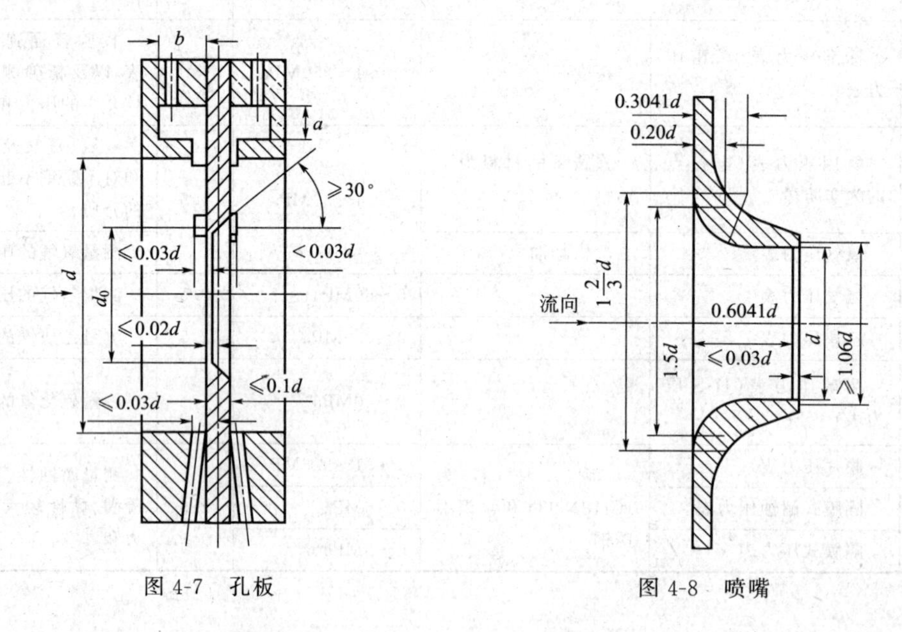

图 4-7　孔板　　　图 4-8　喷嘴

对于标准的孔板和喷嘴，其结构尺寸、加工精度、取压方式、安装要求、管道的粗糙度等均有严格的规定，只有满足这些规定条件及制造厂提供的流量系数时，才能保证测量的精度。

非标准孔板和喷嘴是指不符合标准孔板规范的，如自己设计制造的孔板或喷嘴。对于这类孔板和喷嘴，在使用前必须进行校正，取得流量系数或流量校核曲线后才能投入使用。在设计制造孔板时，孔径的选择要按流量大小、压差计的量程和允许的能耗综合考虑。为了使流体的能耗控制在一定范围内并保证检测的灵敏度，推荐的孔板孔径和管径之比为 0.45～0.50。

孔板和喷嘴的安装，一般要求保持上游有 30～50D、下游有不小于 5D 的直管稳定段。孔口的中心线应与管轴线相重合。对于标准孔板或是已确定了流量系数的孔板，在使用时不能反装，否则会引起较大的测量误差。正确的安装是孔口的锐角方向正对着流体的来流方向。由于孔板或喷嘴的取压方式不同会直接影响其流量系数的值，标准孔板采用角接取压或法兰取压，标准喷嘴采用角接取压，使用时须按要求连接。自制孔板除采用标准孔板的方法外，尚可采用径距取压，即上游取压口距孔板端面 1D，下游取压口距孔板端面 0.5D。

孔板流量计结构简单，使用方便，可用于高温、高压场合，但流体流经孔板能量损耗较大。在不允许能量消耗过大的场合，可采用文丘里流量计。其基本原理与孔板类同，不再赘述。按照文丘里流量计的结构，设计制成的玻璃毛细管流量计能测量小流量，目前其已在实验中获得广泛使用。

4.3.1.2　转子流量计

转子流量计又称浮子流量计，如图 4-9 所示，是实验室最常见的流量仪表之一。其特点是量程比大，可达 10∶1，直观，势能损失较小，适合于小流量的测量。

若将转子流量计的转子与差动变压器的可动铁芯连接成一体，使被测流体的流量值转换成电信号输出，可实施远传显示的目的。

转子流量计安装时要特别注意垂直度，不允许有明显的倾斜（倾角要小于 20°），否则会带来测量误差。为了检修方便，在转子流量计上游应设置调节阀。转子流量计测的是体积流量，出厂前是在标准技术状态下标定的。因此，若实际使用条件和标准技术状态条件不符时，需按下式进行修正或现场重新标定。

对于液体

$$Q=Q_N\sqrt{\frac{\rho_0(\rho_f-\rho)}{\rho(\rho_f-\rho_0)}} \tag{4-6}$$

式中，Q——实际流量值，L/h；Q_N——刻度流量值，L/h；ρ_0——20℃时水的密度值，kg/m^3；ρ——被测介质密度，kg/m^3；ρ_f——转子密度，kg/m^3。

对于气体

$$Q=Q_N\sqrt{\frac{\rho_0}{\rho}}\approx Q_N\sqrt{\frac{p_0T}{pT_0}} \tag{4-7}$$

式中，ρ_0——标定介质（空气）在标准状态下的密度，kg/m^3；ρ——被测介质在标准状态下的密度，kg/m^3；p_0，T_0——标定的空气状况为 0.1013MPa，293K；p，T——实际测量时被测介质的绝对压强和热力学温度，K。

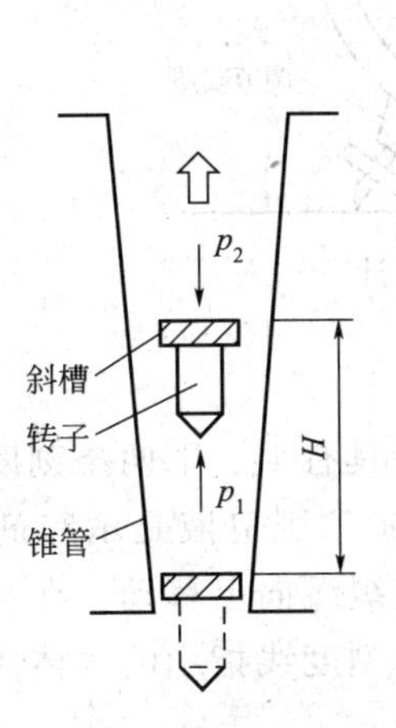

图 4-9　转子流量计

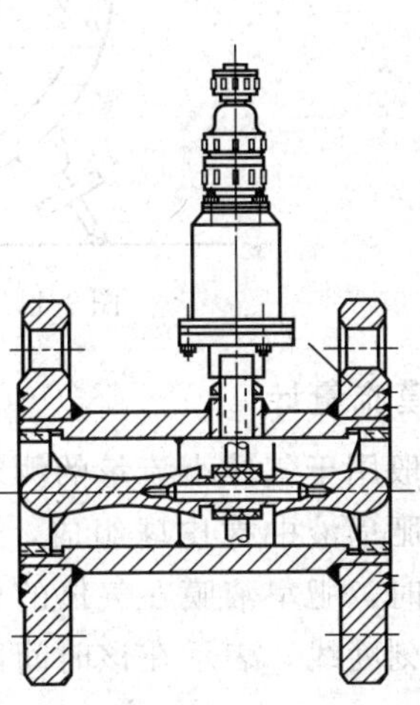

图 4-10　涡轮流量计

4.3.1.3 涡轮流量计

涡轮流量计（见图 4-10）是一种精度较高的速度式流量测量仪表。其精度为 0.5 级。它由涡轮流量变送器和显示仪表组成。当流体通过时，冲击由导磁材料制成的涡轮叶片，使涡轮发生旋转。变送器壳体上的检测线圈产生一个稳定的电磁场。在一定流量范围和流体黏度下，涡轮的转速和流体流量成正比。涡轮转动时，涡轮叶片切割电磁场。由于叶片的磁阻与叶片间隙间流体的磁阻相差很大，因而使通过线圈的磁通量发生周期性变化，线圈内便产生了感应电流脉冲信号。脉冲信号的多少与流量的大小成正比。在一定时间间隔内测取脉冲数量（脉冲数/s），并根据涡轮流量计的流量系数（脉冲数/L），便可求得体积流量（L/s）。

4.3.2 体积式测量方法

4.3.2.1 湿式气体流量计

湿式气体流量计结构如图 4-11 所示，其外部为一圆筒形外壳，内部为一分成四室的转子；在流量计正面有指针、刻度盘和数字表，用以记录气体流量。进气管、加水漏斗和放水旋塞均在流量计后面；出气管和水平仪在流量计顶部。在表顶有两个垂直的孔眼，可用于插入气压计和温度计；溢水旋塞在流量计正面左侧。流量计下面有三只螺丝支脚用来校准水平。气体由流量计背面中央处进入，转子每转动一周，四个小室都完成一次进气和排气，故流量计的体积为四个小室充气体积之和。计数机构在刻度盘上显示相应数字。

湿式流量计每个气室的有效体积是由预先注入流量计内的水面控制的，所以在使用时必须检查水面是否达到预定的位置。安装时，仪表必须保持水平。

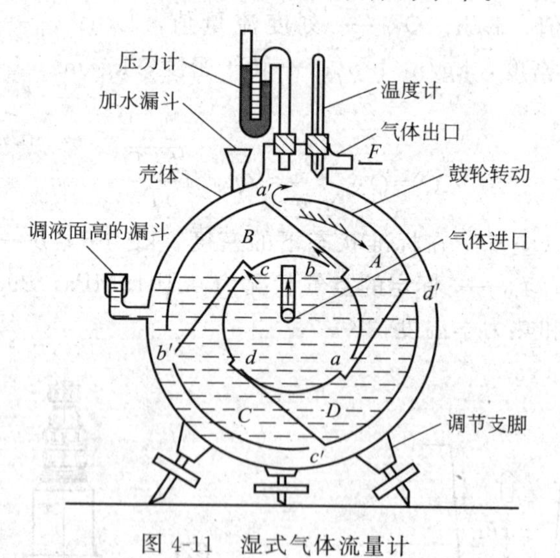

图 4-11 湿式气体流量计

4.3.2.2 皂膜流量计

皂膜流量计一般用于气体小流量的测定，它由一根具有上、下两条刻度线指示的标准体积的玻璃管和含有肥皂液的橡皮球组成，如图 4-12 所示。肥皂液是示踪剂。当气体通过皂膜流量计的玻璃管时，肥皂液膜在气体的推动下沿管壁缓缓向上移动。在一定时间内皂膜通过上、下标准体积刻度线，表示在该时间段内通过了由刻度线指示的气体体积量，从而得到气体的平均流量。

为了保证测量精度，皂膜速度应小于 4cm/s。安装时须保证皂膜流量计的垂直度。每次测量前，按一下橡皮球，使之在管壁上形成皂膜以便指示气体通过皂膜流量计的体积。为了使皂膜在管壁上顺利移动，在使用前须用肥皂液润湿管壁。

皂膜流量计结构简单，测量精度高，可作为校准其他流量计的基准流量计，且便于实验室制备。推荐尺寸为：管子内径 1cm，长度 25cm 或管子内径 10cm，长度 100～150cm 两种规格。

4.3.2.3　椭圆齿流量计

椭圆齿流量计适用于黏度较高的液体，如润滑油的计量。它是由一对椭圆状互相啮合的齿轮和壳体组成，如图 4-13 所示。在流体压差的作用下，各自绕其轴心旋转。每旋转一周排出四个月牙形体积（由齿轮与壳体间形成）的流体。

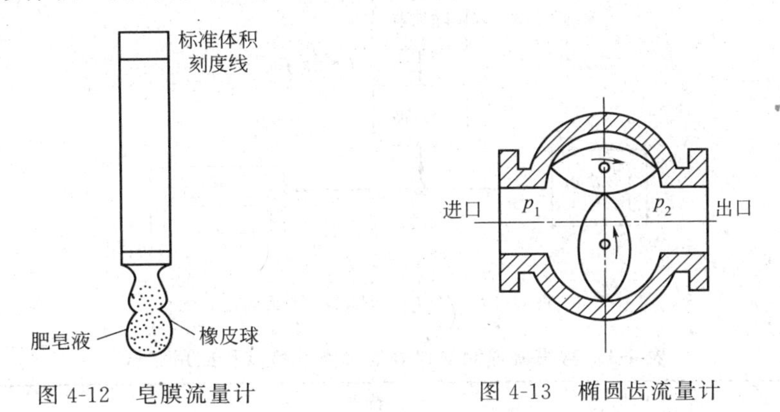

图 4-12　皂膜流量计　　图 4-13　椭圆齿流量计

此外，实验室中也时常以计量泵作为液体的体积计量工具。使用计量泵需保持泵的转速或往复速度的稳定以保证计量的准确度，读者可参阅相关资料作进一步了解。

4.3.3　质量式测量方法

由速度式和体积式方法测得的流体体积流量都受到流体的工作压强、温度、黏度、组成以及相变等因素的影响而带来测量误差，而质量测量方法则直接测定单位时间内所流过的介质的质量，可不受上述诸因素的影响。它是一种比较新型的流量计，在工程与实验室中得到越来越多的使用。

由于质量流量是流通截面积、流体流速和流体密度的函数，当流通截面积为常数时，只要测得单位体积内流体的流量和流体密度，即可得到质量流量。而流体密度又是温度和压强的函数，因此，只要测得流体流速及其温度和压强，依一定的关系便可间接地测得质量流量。这就是压力、温度补偿式质量流量计的作用原理。

气体质量流量测量的压力、温度补偿系统如图 4-14 所示。它是通过测量流体的体积流量、温度、压力值，又根据已知的被测流体密度和温度、压力之间关系，经过运算把测得的体积流量值自动换算成标准状况下的体积流量值。此值再乘以标准状况下的密度值（常数），便测得了该气体的质量流量。

4.3.4　常用流量测量仪表的选用

流量测量仪表的选用应根据工艺生产过程的技术要求、被测介质与应用场合，合理地选择种类、型号、工作压力和温度，以及测量范围、测量精度。

常用流量测量仪表的种类、特点和应用场合可参阅表 4-3。

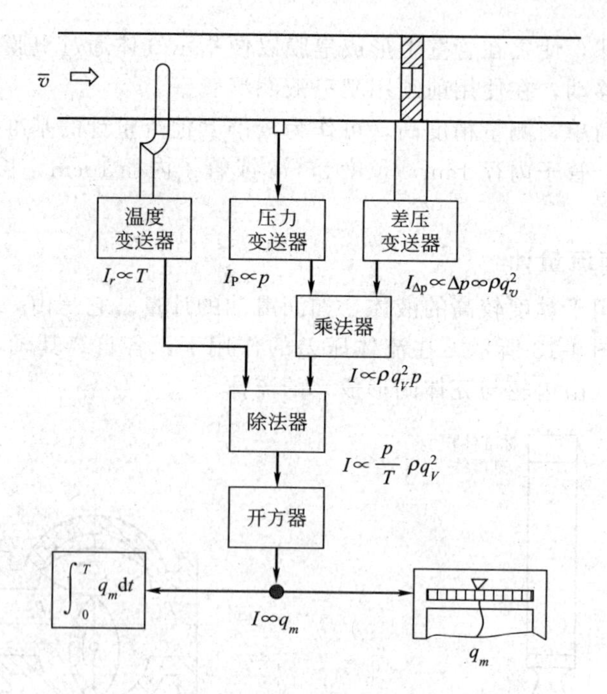

图 4-14 压力、温度补偿系统

表 4-3 常用流量测量仪表的种类、特点和应用场合

分类	名称	特点								应用场合
		被测介质	测量范围/(m^3/h)	管径/mm	工作压力/MPa	工作温度/℃	精度等级	量程比	安装要求	
转子式	玻璃管转子流量计	液体	1.5×10^{-4}～10^2	3～150	0.1	0～60	1.5,2,2.5,4	10∶1	垂直安装	就地指示流量
		气体	1.8～3×10^3		0.4,0.6,1,1.6,2.5,4	0～100 −20～120 −40～150	1.5,2.5			
	金属管转子流量计	液体	6×10^{-2}～10^2	15～150	1.6 2.5 4	−40～150	1.5,2.5	10∶1	垂直安装	就地指示流量,如与显示仪表配套可集中指示和控制流量
		气体	2～3×10^3							
速度式	水表	液体	4.5×10^{-2}～2.8×10^3	15～400	0.6 1	90 0～40 0～60	2	>10∶1	水平安装	就地累计流量
体积式	椭圆齿流量计	液体	2.5×10^{-2}～3×10^2	10～200	1.6	0～40 −10×80 −10～120	0.5			
	腰轮流量计	液体	2.5×10^{-1}～10^3	15～300	2.5,6.3	0～80 0～120	0.2,0.5			
		气体	—							
	旋转活塞式流量计	液体	8×10^{-2}～4	15～40	0.6,1.6	20～120	0.5	10∶1	装过滤器	就地累计流量
	圆盘流量计	液体	2.5×10^{-1}～30	15～70	0.25,0.4,0.6,2.5,4.5	100	0.5,1			
	刮板流量计	液体	4～180	50～150	1	100	0.2,0.5			
	电磁流量计	液体	0.3～11m/s	10～2000	0.6～4	80～120	0.1,0.2		水平、垂直	

续表

分类	名称	特点								应用场合
		被测介质	测量范围/（m³/h）	管径/mm	工作压力/MPa	工作温度/℃	精度等级	量程比	安装要求	
其他	冲塞式流量计	液体 蒸汽 气体	4～60 （介质黏度小于 10°E）	25～100	1.2	200	3，3.5		装过滤器	就地累计流量
	分流旋翼蒸汽流量计	蒸汽	35～1215kg/h	50～100	1，1.6		2.5，4		水平安装	就地和远传累计流量
	流量控制器	液体	0.9～300	15～40	0.15，0.25，0.35				水平安装并装过滤器	流量控制
	均速管流量计	气体 液体 蒸汽		100～2500	0.6，2.5		1		任意	配变送器和二次仪表
	冲量式流量计	粉粒状介质	0.1～60t/h		常压	−20～60	指示 1 级，积算 1.5 级			

4.3.5 流量计的标定校正

对于非标准化的各种流量仪表，例如转子、涡轮、椭圆齿等流量计，仪表制造厂在出厂前都进行了流量标定，建立流量刻度标尺，或给出流量系数、校正曲线。必须指出，仪表制造厂是以空气或水为工作介质，在标准技术状况下标定得到相关数据的。然而在实验室或生产上应用时，工作介质、压强、温度等操作条件往往和原来标定时的条件不同。为了精确地使用流量计，在使用之前需要进行现场校正工作。另外，对于自行改制（如更换转子流量计的转子）或自行制造的流量计，更需要进行流量计的标定工作。

对于流量计的标定和校验，一般采用体积法、称重法和基准流量计法来进行。

体积法或称重法是通过测量一定时间内排出的流体体积量或质量来实现的。基准流量计法则是用一个已校正过的、精度级别较高的流量计作为被校验流量计的比较基准。流量计标定的精度取决于测量体积的容器、称重的秤、测量时间的仪表或基准流量计的精度。以上各个测量仪表的精度组成了整个标定系统的精度，亦即被测流量计的精度。由此可知，若采用基准流量计法标定流量，欲提高被标定的流量计的精度，必须选用精度更高的流量计。

对于实验室而言，上述三种方法均可使用。在小流量液体流量计的标定时，经常使用体积法或称重法，如用量筒作为标准体积容器，以天平称重。对于小流量的气体流量计，可以用标准容量瓶、皂膜流量计或湿式气体流量计作为计量标准。

4.4 流体温度的测量方法

温度是表征物体冷热程度的物理量。温度借助于冷、热物体之间的热交换，以及物体的某些物理性质随冷热程度不同而变化的特性进行间接测量。任意选择某一物体与被测物体相接触，物体之间将发生热交换，即热量由受热程度高的物体向受热程度低的物体传递。当接触时间充分长，两物体达到热平衡状态时，选择物的温度和被测物的温度相等。通过对选择物的物理量（如液体的体积，导体的电阻等）的测量，便可以定量地给出被测物体的温度值，从而实现被测物体的温度测量。

流体温度的测量方法一般分为接触式测温与非接触式测温两类。

① 接触式测温方法　将感温元件与被测介质直接接触，需要一定的时间才能达到热平衡。因此会产生测温的滞后现象，同时感温元件也容易破坏被测对象的温度场并有可能与被测介质产生化学反应。另外，由于受耐高温材料的限制，接触式测温方法不能应用于很高的温度测量。但接触式测温具有简单、可靠、测量精确的优点。

② 非接触式测温方法　感温元件与被测介质不直接接触，而是通过热辐射来测量温度，反应速率一般比较快，且不会破坏被测对象的温度场。在原理上，它没有温度上限的限制。但非接触式测温由于受物体的发射率、对象到仪表之间的距离、烟尘和水蒸气等的影响，其测量误差较大。

4.4.1 接触式测温

常用的接触式测温仪有热膨胀式、电阻式、热电偶式温度计。

4.4.1.1 热膨胀式温度计

热膨胀式温度计分为液体膨胀式和固体膨胀式两类。都是应用物质热胀冷缩的特性制成的。

生产上和实验中最常见的热膨胀式温度计是玻璃液体温度计。有水银温度计和酒精温度计两种。这种温度计测温范围比较狭窄，约在－80～400℃范围内，精度也不太高，但比较简便，价格低廉，因而得到广泛的使用。若按用途划分，又可分为工业用、实验室用和标准水银温度计三种。

固体膨胀式温度计常见的有杆式温度计和双金属温度计。它们是将两种具有不同热膨胀系数的金属片（或杆、管等）安装在一起，利用其受热后的形变差不同而产生相对位移，经机械放大或电气放大，将温度变化检测出来。固体膨胀式温度计结构简单，机械强度大但精度不高。

4.4.1.2 电阻式温度计

电阻式温度计由热电阻感温元件和显示仪表组成。它利用导体或半导体的电阻值随温度变化的性质进行温度测量。常用的电阻感温元件介绍如下。

(1) 铂电阻

铂电阻的特点是精度高、稳定性好、性能可靠。它在氧化性介质中，甚至在高温下的物理、化学性质都非常稳定；但在还原性介质中，特别是在高温下，很容易被从氧化物中还原出来的蒸汽（气）所沾污，使铂条变脆，进而改变它的电阻与温度间的关系。铂电阻的使用温度范围为－259～630℃，价格较贵。常用的铂电阻型号是 WZB、分度号为 Pt_{50} 和 Pt_{100}。

铂电阻感温元件按其用途分为工业型、标准或实验室型、微型三种。分度号 Pt_{50} 是指 0℃时电阻值 $R_0=50\Omega$，Pt_{100} 是指 0℃时电阻值 $R_0=100\Omega$。标准或实验室型，R_0 为 10Ω 或 30Ω 左右。

(2) 铜电阻

铜电阻感温元件的测温范围比较狭窄，物理、化学的稳定性不及铂电阻，但价廉，并且在$-50\sim150$℃范围内，其电阻值与温度的线性关系好。因此铜电阻的应用比较普遍。

常用的铜电阻感温元件的型号为 ZWG，分度号为 Cu_{50} 和 Cu_{100}。

(3) 半导体热敏电阻

半导体热敏电阻为半导体温度计的感温元件。它具有良好的抗腐蚀性能、灵敏度高、热惯性小、寿命长等优点。

电阻温度计通常将热电阻感温元件作为不平衡电桥的一个桥臂，如图 4-15 所示。电桥中流过电流计的电流大小与四个桥臂的电阻以及电流计的内阻、桥路的端电压有关。在电流计内阻、桥路的端电压以及其他三个桥臂电阻不随温度变化的情况下，对应于一个温度（即对应于一个确定的热敏电阻值 R_T），便有一个确定的电流输出。若电流计表盘上刻着对应的温度分度值，即可直接读到相应的温度。

4.4.1.3 热电偶式温度计

最简单的热电偶测温系统如图 4-16 所示。它由热电偶（感温元件）1、毫伏检测仪 2 以及连接热电偶和测量电路的导线（铜线及补偿导线）3 所组成。

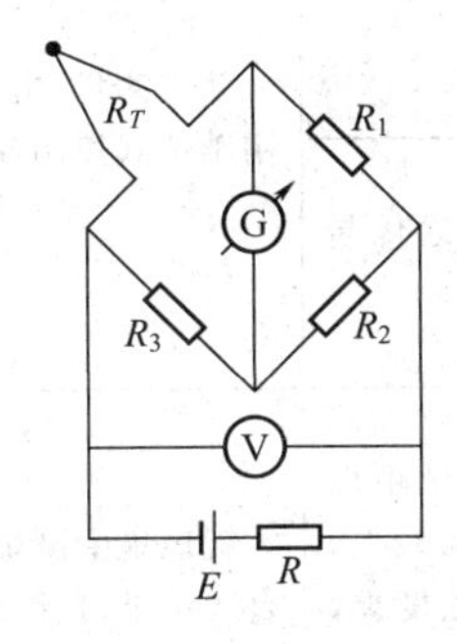

图 4-15　不平衡电桥

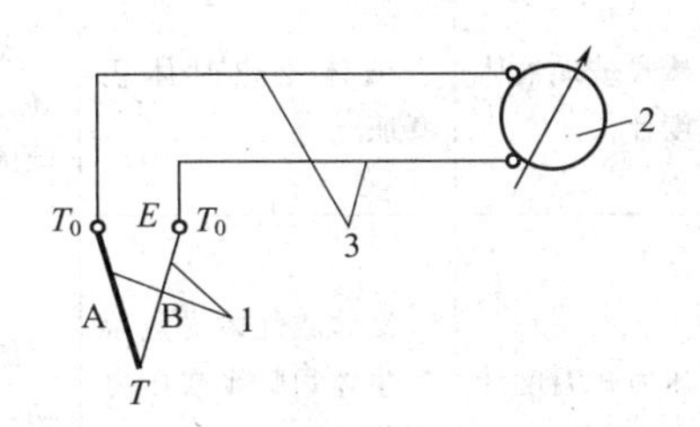

图 4-16　热电偶测温系统

热电偶是由两根不同的导体或半导体材料（图 4-16 中的 A 与 B）焊接或绞接而成。焊接的一端称作热电偶的热端（或工作端），与导线连接的一端称作冷端。把热电偶的热端插入需要测温的生产设备中，冷端置于生产设备的外面，如果两端所处的温度不同，则在热电偶的回路中便会产生热电势 E。该热电势 E 的大小与热电偶两端的温度 T 和 T_0 有关。在 T_0 恒定不变时，热电势 E 只是热电偶热端温度 T 的函数。

为了保持冷端温度恒定不变或消除冷端温度变化对热电势的影响，常用以下两种方法。

① 冰浴法　冰浴法是将冷端保存在水和冰共存的保温瓶中。为了保证能达到共相点，冰要弄成细冰屑，水可以用一般的自来水。通常把冷端放在盛有绝缘油如变压器油的试管中，并将其插入置有试管孔的保温瓶木塞盖的孔中，以维持冷端温度为 0℃。

② 补偿电桥法　补偿电桥法是将冷端接入一个平衡电桥补偿器中，自动补偿因冷端温度变化而引起的热电势变化。

常用的热电偶有：铂铑 10%-铂热电偶，分度号为 LB；镍铬-镍硅（或镍铬-镍铝）热电偶，分度号为 EU；镍铬-考铜热电偶，分度号为 EA；铂铑 30%-铂铑 6%热电偶，分度号为 LL；铜-康铜热电偶，分度号为 T。读者可查阅有关手册选用。

4.4.2 测温仪表的比较和选用

在选用温度计时，必须考虑以下几点：

① 被测物体的温度是否需要指示、记录和自动控制；

② 能便于读数和记录；
③ 测温范围的大小和精度要求是否满足；
④ 感温元件的大小是否适当；
⑤ 在被测物体温度随时间变化的场合，感温元件的滞后能否适应测温要求；
⑥ 被测物体和环境条件对感温元件是否有损害；
⑦ 仪表使用是否方便；
⑧ 仪表寿命。

表 4-4 中列出了测温仪表的比较和选用，图 4-17 所示为测温仪表测量的介质性质及使用条件。

表 4-4 测温仪表的比较和选用

类别	名称	原理	优点	缺点	应用场合
接触式仪表	双金属温度计	金属受热时产生线性膨胀	结构简单,机械强度较好,价格低廉	精度低,不能远传与记录	就地测量,电接点式可用于位式控制或报警
	棒式玻璃液体温度计	液体受热时体积膨胀	结构简单,精度较高,稳定性好,价格低廉	易碎,不能远传与记录	
	压力式温度计	液体或气体受热后产生体积膨胀或压力变化	结构简单,不怕振动,易就地集中测量	精度低,测量距离较远时,滞后性较大,毛细管机械强度差,损坏后不易修复	就地集中测量,可用于自动记录,控制或报警
	热电阻	导体或半导体的电阻随温度而改变	精度高,便于远距离多点集中测量和自动控制温度	不能测高温,与热电偶相比维护工作量大	与显示仪表配用可集中指示和记录;与调节器配用可对温度进行自动控制
	热电偶	两种不同的金属导体接点受热后产生电势	精度高,测温范围广,不怕振动,与热电阻相比,安装方便、寿命长,便于远距离多点集中测量和自动控制温度	需要冷端补偿和补偿导线,在低温段测量时精度低	
非接触式仪表	光学高温计	加热体的亮度随温度而变化	测温范围广,携带使用方便	只能目测高温;低温段测量精度较差	适用于不接触的高温测量
	光电高温计	加热体的颜色随温度而变化	精度高,反应速率快	只能测高温,结构复杂,读数麻烦,价格高	
	辐射高温计	加热体的辐射能量随温度而变化	测温范围广,反应速率快,价格低廉	误差较大,低温段测量不准;测量精度与环境条件有关	

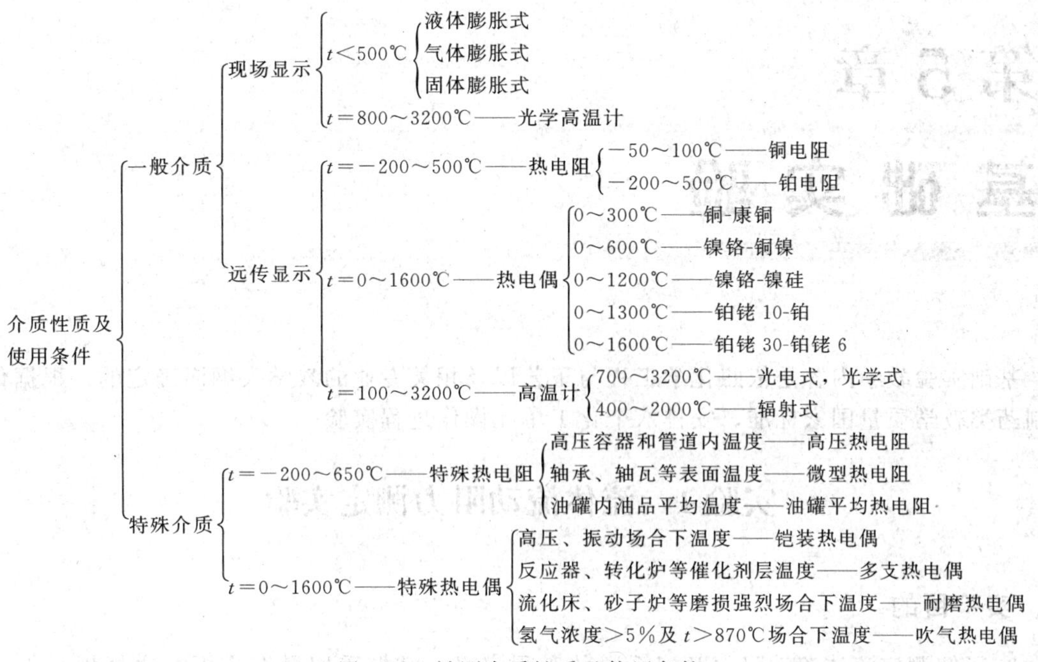

图 4-17　被测介质性质及使用条件

4.4.3　接触式测温仪表的安装

感温元件的安装应确保测量的准确性。为此，感温元件的安装通常应按下列要求进行：

(1) 由于接触式温度计的感温元件是与被测介质进行热交换而测温的，因此，必须使感温元件与被测介质能进行充分的热交换，感温元件的工作端应处于管道中流速最大之处以有利于热交换的进行，不应把感温元件插至被测介质的死角区域。

(2) 感温元件应与被测介质形成逆流，即安装时，感温元件应迎着介质流向插入，至少须与被测介质流向成 90°。切勿与被测介质形成顺流，否则容易产生测温误差。

(3) 避免热辐射所产生的测温误差。在温度较高的场合，应尽量减小被测介质与设备壁面之间的温度差。在安装感温元件的地方，若器壁暴露于空气中，应在其表面包一层绝热层（如石棉等），以减少热量损失。

(4) 避免感温元件外露部分的热损失所产生的测温误差。为此，要有足够的插入深度，实践证明，随着感温元件插入深度的增加，测温误差随之减小。必要时，为减少感温元件外露部分的热损失，应对感温元件外露部分加装保温层进行适当的保温。

(5) 用热电偶测量炉膛温度时，应避免热电偶与火焰直接接触。

(6) 感温元件安装于负压管道（设备）中（如烟道中）必须保证其密闭性，以免外界冷空气袭入而降低测量值。

(7) 热电偶、热电阻的接线盒出线孔应向下，以防因密封不良而使水汽、灰尘与脏物等落入接线盒中，影响测量。

(8) 在具有强的电磁场干扰源的场合安装感温元件时，应注意防止电磁干扰。

(9) 水银温度计只能垂直或倾斜安装，同时需观察方便，不得水平安装（直角形水银温度计除外），更不得倒装（包括倾斜倒装）。

此外，感温元件的安装还应确保安全、可靠。为避免感温元件的损坏，应保证其具有足够的机械强度。可根据被测介质的工作压力，温度及特性，合理地选择感温元件保护套管的壁厚与材质。同时，还应考虑日后维修、校验的方便。

第5章

基础实验

基础实验教学内容是依照化学工程与工艺以及相关专业的教学大纲而确定的。根据化工与制药类教学质量国家标准，安排八个化工单元操作过程实验。

实验1　流体流动阻力测定实验

一、实验目的

1. 了解测定流体流动阻力摩擦系数的工程定义，掌握采用量纲分析方法规划组织实验的研究方法。

2. 测定流体流经直管的摩擦阻力和流经管件的局部阻力，确定直管阻力摩擦系数与雷诺数之间的关系。

3. 熟悉压差计和流量计的使用方法。

4. 认识组成管路系统的各部件、阀门并了解其作用。

二、实验内容

1. 测定流体在特定材质和 ε/d 的直管中流动时的阻力摩擦系数 λ，并确定 λ 和 Re 之间的关系，标定粗糙管的 ε/d。

2. 测定流体通过流量计、阀门或90°弯管时的局部阻力系数。

三、基本原理

流体管路是由直管、管件（如三通、肘管、弯头等）和阀门等部件组成。流体在管路中流动时，由于黏性剪应力和涡流的作用，不可避免地要消耗一定的机械能。流体在直管中流动的机械能损失称为直管阻力；而流体通过阀门、管件等部件时，因流动方向或流动截面的突然改变所导致的机械能损失称为局部阻力。在化工过程设计中，流体流动阻力的测定或计算，对于确定流体输送所需推动力的大小，例如泵的功率、液位或压差，选择适当的输送条件都有不可或缺的作用。

1. 直管阻力

流体在水平的均匀管道中稳定流动时，由衡算截面1流动至衡算截面2的阻力损失表现为压力的降低，即

$$h_f=\frac{p_1-p_2}{\rho}=\frac{\Delta p}{\rho} \tag{1}$$

由于流体分子在流动过程中的运动机理十分复杂，影响阻力损失的因素众多，目前尚不

能完全用理论方法来解决流体阻力的计算问题，必须通过实验研究掌握其规律。为了减少实验工作量，简化实验工作难度，并使实验结果具有普遍应用意义，可采用量纲分析方法来规划实验。

将所有影响流体阻力的工程因素按以下三类变量列出。

① 流体性质：密度 ρ，黏度 μ；

② 管路几何尺寸：管径 d，管长 l，管壁粗糙度 ε；

③ 流动条件：流速 u。

可将阻力损失 h_f 与诸多变量之间的关系表示为

$$h_f = f(d, u, \rho, \mu, l, \varepsilon) \tag{2}$$

由于是水平直管，根据量纲分析方法，可将上述变量之间的关系转变为量纲-特征数之间的关系

$$\frac{\Delta p}{\rho u^2} = \varphi\left(\frac{du\rho}{\mu}, \frac{l}{d}, \frac{\varepsilon}{d}\right) \tag{3}$$

式中，$\frac{du\rho}{\mu} = Re$——雷诺数（Reynolds Number），是表征流体流动形态影响的量纲-特征数；$\frac{l}{d}$——表征系统几何特征尺寸的量纲-几何特征数，亦称相对长度；$\frac{\varepsilon}{d}$——管壁相对粗糙度。

将式(3) 改写为

$$\frac{\Delta p}{\rho} = \frac{l}{d}\varphi'\left(Re, \frac{\varepsilon}{d}\right)\frac{u^2}{2} \tag{4}$$

引入

$$\lambda = \varphi'\left(Re, \frac{\varepsilon}{d}\right) \tag{5}$$

则

$$h_f = \frac{\Delta p}{\rho} = \lambda \frac{l}{d} \frac{u^2}{2} \tag{6}$$

式(6) 即为通常计算直管阻力的公式，其中，λ 称为直管阻力摩擦系数。

直管段两端的压差可用压差传感器测定，若用水银 U 形压差计测定，则

$$\Delta p = R(\rho_{Hg} - \rho_{H_2O})g \tag{7}$$

式中，R——U 形压差计两侧的液柱高度差。

由式(5) 可知，不管何种流体，直管摩擦阻力系数 λ 仅与 Re 和 ε/d 有关。因此，只要在实验室规模的小装置上，用水作实验物系，进行有限量的实验，确定 λ 与 Re 和 ε/d 的关系，即可由式(6) 计算任一流体在管路中的流动阻力损失。这也说明了量纲分析理论指导下的实验方法具有“由小见大”“由此及彼”的功效。

2. 局部阻力

局部阻力通常用当量长度法或局部阻力系数法来表示。

当量长度法：流体通过管件或阀门的局部阻力损失，若与流体流过一定长度的相同管径的直管阻力损失相当，则称这一直管长度为管件或阀门的当量长度，用符号 l_e 表示。这样，就可以用直管阻力损失的计算公式来计算局部阻力损失。在管路计算时，可将管路中的直管长度与管件阀门的当量长度合并在一起计算，如管路系统中直管长度为 l，各种局部阻力的当量长度之和为 $\sum_i le_i$，则流体在管路中流动的总阻力损失为

$$\sum h_f = \lambda \left(\frac{l + \sum_i l_{e_i}}{d}\right) \frac{u^2}{2} \tag{8}$$

局部阻力系数法：流体通过某一管件或阀门的阻力损失用流体在管路中的动能系数来表示，这种计算局部阻力的方法，称为阻力系数法，即

$$h_e=\frac{\Delta p}{\rho}=\zeta\frac{u^2}{2} \tag{9}$$

式中，ζ——局部阻力系数。

严格说来，局部阻力系数 ζ 是随雷诺数 Re 的变化而变化的，但在阻力平方区，随 Re 的增大，ζ 逐渐趋于一常数，从有关手册中查到的局部阻力系数通常是指流体处于阻力平方区的数值。

一般情况下，由于管件和阀门的材料及加工精度不完全相同，每一制造厂及每一批产品的阻力系数是不尽相同的。

四、实验设计

1. 实验方案

用自来水做实验物料；由实验原理及式 $h_f=\lambda\frac{l}{d}\frac{u^2}{2}$ 和 $\frac{\Delta p}{\rho}=\zeta\frac{u^2}{2}$ 知，当实验装置确定后，只要改变管路中流体流速 u 或流量 q_v，测定相应的直管阻力压差 Δp_1 和局部阻力压差 Δp_2，就能通过计算得到一系列的 λ 和 ζ 的值以及相应的 Re 的值；实验点的分布，要考虑到 λ 随 Re 的变化趋势，在小流量范围内适当多布点。

2. 测试点及测试方法

（1）原始数据

原始数据有流速 u（或流量 q_v），直管段压差 Δp_1 和局部段压差 Δp_2，流体温度 t（据此确定 ρ、μ），此外还有管路直管 d 和直管长度 l。

（2）测试点

需在直管段两端和局部段两端各设一对测压点，分别用以测定 Δp_1 和 Δp_2，在管路中配置一个流量（或流速）和温度测试点，共 6 个测试点。

（3）测试方法

① 直管段和局部段压差的测定　采用压差变送器（或用水银 U 形压差计）。

② 流速或流量的测定　工程上测量流量较测流速更为方便，可用涡轮流量计或转子流量计测定流量。

③ 温度的测定　用热电阻温度计或水银玻璃温度计测定，单位为℃。

原始数据记录表的格式如表 1 所示。

表 1　流体流动阻力测定实验原始数据记录表

实验装置号：No. ______；直管长度 l ______/m；管径 d ______/mm；水温 t ______/℃

序号	流量 q_v /(L/h)	直管阻力压差 Δp_1 /kPa	局管阻力压差 Δp_2 /kPa
1			
2			
3			
…			

3. 控制点及调节方法

实验中需控制调节的参数是流体流量 q_v，可在管路系统出口端设置一控制调节阀门，

用以调节流量并保证整个管路系统满灌。

4. 实验装置和流程设计

主要设备和部件：直管及管件、离心泵、循环水箱、涡轮流量计、阀门、压差传感器、温度计。

实验装置流程如图1所示，由管子、管件、闸阀（用于局部阻力测定）、控制阀、流量计及离心泵等组成一个测试系统。测试系统的前半部分为局部阻力测试段，后半部分为直管阻力测试段（可以根据教学需要把光滑管和粗糙管串联或并联连接，分别测试其阻力）。为节约用水，配置水箱供水，循环使用。为了防止脏物进入系统造成堵塞，在泵的入口加装过滤器。为了保证系统满灌，装置的出口端应高于测试段或将控制阀安装在出口端。为了排除管路的残留气体，在装置的最高处装设排气阀。为了实验结束排空系统中的液体或定期更换水箱中的水，在循环水箱底部装设排泄阀。

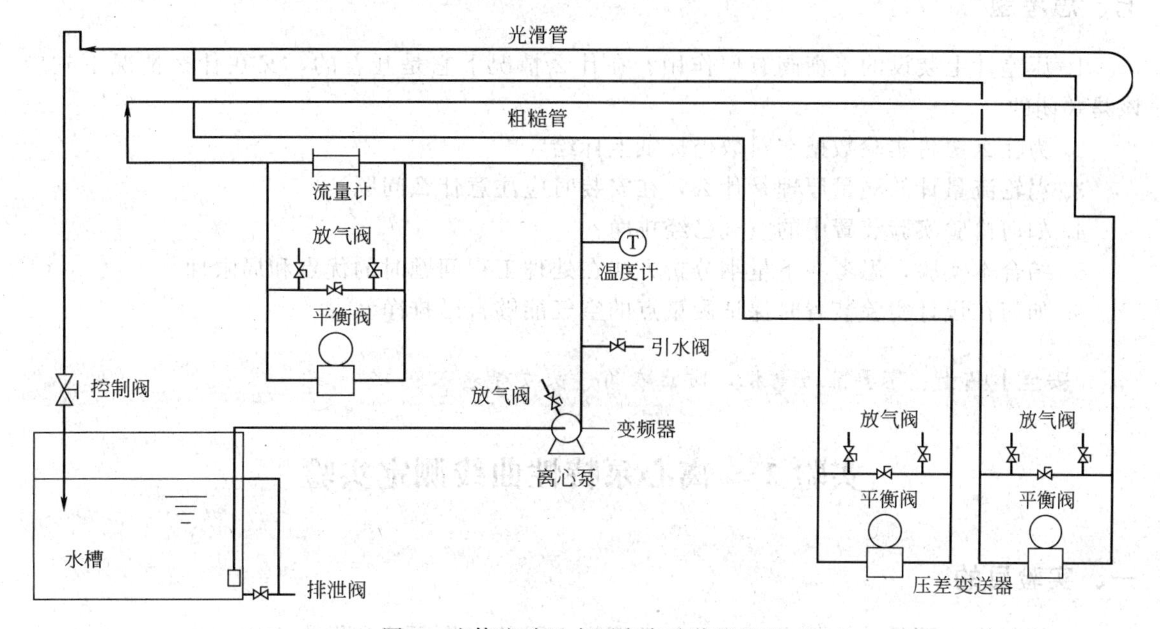

图1 流体流动阻力测定实验装置流程

涡轮流量计和测压口在安装时须保证前后有足够的直管稳定段和水平度。

五、实验操作要点

1. 实验正式开始前，关闭流体出口控制阀门，打开压差计平衡阀。

2. 启动离心泵。

3. 分别进行管路系统、引压管、压差计的排气工作，排出可能积存在系统内的空气，以保证数据测定稳定、可靠。

管路系统排气：打开出口调节阀，让水流动片刻，将管路中的大部分空气排出。然后将出口阀关闭，反复操作2～3次。

引压管和压差计排气：依次打开并迅速关闭压差计上方的排气阀，反复操作2～3次，将引压管和压差计内的空气排出。

4. 排气结束后，关闭平衡阀。

5. 将出口控制阀开至最大，观察最大流量变化范围或最大压差变化范围，据此，确定合理的实验布点。

6. 流量调节后，须稳定一定时间，方可测取有关数据。

7. 实验结束时，先打开平衡阀，关闭出口控制阀，再关闭离心泵电源，最后关闭总电源。

六、实验数据处理和结果讨论分析

1. 在双对数坐标纸上关联 λ 和 Re 之间的关系。

2. 对实验结果进行分析讨论，例如：讨论一下 λ 与 Re 的关系，根据所标绘的曲线引伸推测一下管路的粗糙程度，论述所得结果的工程意义等，并从中得出一些结论。

3. 对实验数据进行必要的误差分析，评价一下数据和结果的误差，并分析其原因。

七、思考题

1. 压差计上装设的平衡阀有何作用？在什么情况下它是开着的，又在什么情况下它应该是关闭的？

2. 为什么要将实验数据在对数坐标纸上标绘？

3. 涡轮流量计的测量原理是什么，在安装时应注意什么问题？

4. 如何检验实验装置中的空气已经排净？

5. 结合本实验，思考一下量纲分析方法在处理工程问题时的优点和局限性。

6. 如何在设计实验装置时保证测量点的空气能够自己排净？

安全小贴士：不要靠近电机，防止衣角、头发等卷入。

实验2　离心泵特性曲线测定实验

一、实验目的

1. 了解离心泵的结构特点，熟悉并掌握离心泵的工作原理和操作方法。

2. 掌握离心泵特性曲线的测定方法。

3. 学习并掌握用误差分析理论来确定曲线标绘的坐标比例。

二、实验内容

测定一定转速下离心泵的特性曲线。

三、基本原理

泵是输送液体的机械。工业上选用泵时，一般是根据生产工艺要求的扬程和流量，考虑所输送液体的性质和泵的结构特点及工作特性，来决定泵的类型和型号。对一定类型的泵来说，泵的特性主要是指泵在一定转速下，其扬程、功率和效率与流量的关系。

离心泵是工业上最常用的液体输送机械之一，其结构特点可参阅《化工原理》（化学工业出版社，2015）教材第二章。离心泵的特性，通常与泵的结构（如叶轮直径的大小，叶片数目及弯曲程度）、泵的转速以及所输送液体的性质有关，影响因素很多。在理论上，为了导出扬程的计算公式，假定液体为理想流体（无黏性），叶片无限多。对于后弯叶片的泵，

理论上导出的流量 q_v 和扬程 H 之间的关系如图1中 a 线所示。实际上，任何液体都是有黏性的，且泵的叶片数也是有限的。因此，液体在通过泵的过程中会产生一定的机械能损失，使离心泵的实际扬程与理论扬程差别很大。

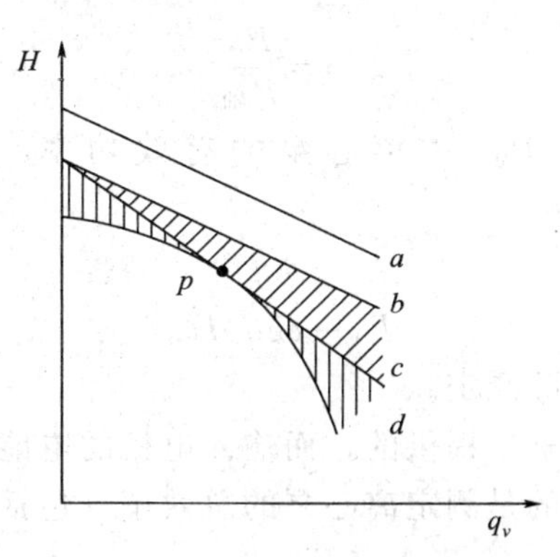

图1 离心泵的理论扬程与实际扬程

如图1所示，由于离心泵叶片数并非无限多，液体在泵内叶片间会产生涡流，导致机械能损失，此损失只与叶片数、液体黏度、叶片表面的粗糙度等因素有关，考虑这些因素后的扬程为图中的 b 线。实际流体从泵的入口到出口存在阻力损失，其大小约与流速的平方的大小成正比，亦即约与流量的平方成正比，考虑到这项损失后的扬程为图中的 c 线。此外，进入泵中的液体在突然离开叶轮周边冲入沿泵涡壳流动的液流中，会产生冲击，也造成机械能的部分损失，该部分损失在泵的设计点处达到最小（图1中点 p 所示）泵的实际流量偏离设计点越大，冲击损失便越大。在考虑到这项损失后，离心泵的实际扬程应为图中的曲线 d。

显然，以上讨论的机械能损失在理论上是难以计算的。因此，离心泵的特性只能采用实验的方法实际测定。

如果在泵的进口和出口管处分别安装上真空表和压力表，则可根据伯努利方程得到扬程的计算公式

$$H_e=\frac{p_2}{\rho g}-\frac{p_1}{\rho g}+h_0+\frac{u_2^2-u_1^2}{2g} \tag{1}$$

式中，h_0——两测压点截面之间的垂直距离，m；p_1——真空表所处截面的绝对压力，MPa；p_2——压力表所处截面的绝对压力，MPa；u_1——泵进口管流速，m/s；u_2——泵出口管流速，m/s；H_e——泵的实际扬程，m。

为了方便计算，式(1) 可表示为

$$H_e=H_{压}+H_{真}+h_0+\frac{u_2^2-u_1^2}{2g} \tag{2}$$

其中

$$H_{压}=\frac{p_2}{\rho g},\quad m \tag{3}$$

$$H_{真}=\frac{p_1}{\rho g},\quad m \tag{4}$$

式(3)、(4) 中的 p_2 和 p_1 分别是压力表和真空表的显示值。

要注意的是，工业上使用的真空表有的是以mmHg为单位的，计算时要进行单位换算。

离心泵的进、出口管直径一般相差不大，且液体的动能项可以省略，因此，扬程 H_e 的

最终计算式为

$$H_e = H_{压} + H_{真} + h_0 \tag{5}$$

离心泵的效率为泵的有效功率与轴功率的比值

$$\eta = \frac{P_e}{P_{轴}} \tag{6}$$

式中，η——离心泵的效率；P_e——离心泵的有效功率，kW；$P_{轴}$——离心泵的轴功率，kW。

有效功率可用下式计算

$$P_e = \rho g q_v H_e \tag{7}$$

轴功率可用马达天平仪实际测定。

泵的轴功率是由泵配置的电机提供的，而输入电机的电能在转变成机械能时亦存在一定的损失，因此，工程上有意义的是测定离心泵的总效率（包括电机效率和传动效率）。

$$\eta_{总} = \frac{P_e}{P_{电}} \tag{8}$$

实验时，使泵在一定转速下运转，测出对应于不同流量的扬程、电机输入功率、效率等参数值，将所得数据整理后用曲线表示，即得到泵的特性曲线。

离心泵的特性与泵的转速有关，转速不同，泵的流量、扬程、功率、效率等也将不同，亦即离心泵的特性曲线要发生相应改变。工业上，广泛利用出口阀门调节离心泵的流量，实际上是利用阀门的开度改变系统的阻力，从而达到调节的目的。从能量利用的角度看，这种方法并不合理。随着变频调速技术的完善，通过改变泵的转速来调节流量的方法在工业领域被越来越多地采用，这在经济上更为合理。

应指出的是，根据上述实验原理测定的结果只是反映了离心泵本身在一定转速下的特性。在工业应用中，液体的输送实际是由离心泵和管路系统共同完成的，泵的实际流量和扬程不仅与离心泵的特性有关，还取决于管路系统的特性（阻力与流量之间的关系）。以上所论及的阀门调节，实际上是在离心泵特性曲线不变的情况下通过改变管路特性曲线来达到流量调节的目的；而通过改变泵的转速调节流量的办法，实际上是在管路特性曲线不变的情况下改变泵的特性曲线来实现 流量的调节。实际工作点是特定的管路条件与离心泵特征曲线的综合，脱离特定的管路条件来谈论离心泵的流量或扬程是没有实际意义的。通常，生产厂家给出的泵特性曲线是在进、出口管路直径与泵的进、出口直径相同的情况下测定的，离心泵铭牌上给出的参数值只是指泵在最高效率点的流量和扬程。

四、实验设计

实验设计包括实验方案的确定、数据测试点及测试方法的确定、操作控制点及调节方法的确定，以及实验装置和流程的设计。

1. 实验方案

用自来水做实验物料；在离心泵转速一定的情况下，测定不同流量下离心泵进、出口的压力和电机功率，即可由式(2)、(6)、(7) 和 (8) 计算出相应的扬程、功率和效率；在实验布点时，要考虑到泵的效率随流量变化的趋势。

2. 数据测试点及测试方法

根据实验基本原理，需测定的原始数据有：泵两端的压力 p_1 和 p_2、离心泵电机功率 $P_{电}$、流量 q_v、水温 t（以确定水的密度），以及进出口管路的管径 d_1 和 d_2，据此可配置相应的测试点和测试仪表。

离心泵出口压力 p_2 由压力表测定，离心泵入口压力 p_1 由真空表测定。

流量 q_v 由装设在管路中的涡轮流量计测定，涡轮流量计在安装时，必须保证仪表前后有足够的直管稳定段和水平度。

电机功率 $P_{电}$ 采用数字式仪表测量。如果仪表显示的是单相的电机输入功率，则总电功率为

$$P_{电}(\mathrm{kW}) = 显示读数$$

水的温度 t 用热电阻温度计测定，温度计安装在泵出口管路的上方。

原始数据记录表格式如表 1 所示。

表 1　离心泵特性曲线测定实验原始数据记录表

实验装置号：No. ______；进口管径 d_1 ______/mm；出口管径 d_2 ______/mm；水温 t ______/℃

No.	流量 /(L/h)	压力表 p_1/MPa	真空表 p_2/MPa	电机功率 $P_{电}$/kW
1				
2				
3				
…				

3. 控制点及调节方法

实验中要控制的参数是流量 q_v，可用调节阀来进行控制调节。为了保证系统满灌，将控制阀安装于出口管路的末端。

4. 实验装置和流程

主要设备：离心泵、循环水箱、涡轮流量计、流量调节控制阀、压力表、真空表、温度计。

实验装置流程如图 2 所示，由离心泵和进出口管路、压力表、真空表、涡轮流量计和流量调节控制阀组成测试系统。实验物料为自来水，为节约起见，配置水箱循环使用。为了保证离心泵在启动时满灌，排除泵壳内的空气，在泵的进口管路末端安装有止逆底阀。

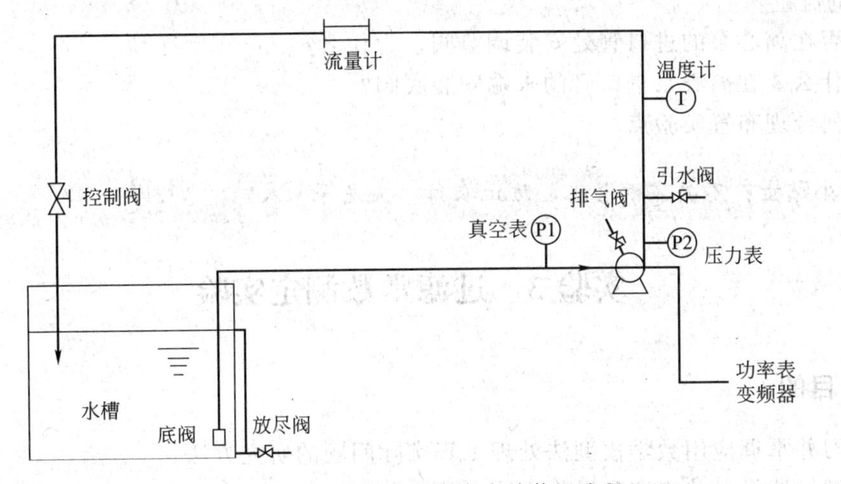

图 2　离心泵特性曲线测定实验装置流程

五、实验操作要点

1. 首先打开引水阀引水灌泵，并打开泵体上的排气阀排除泵内的气体，确认泵已灌满

且其中的空气已排净，关闭引水阀和泵的排气阀。

2. 在启动泵前，先检查并关闭出口控制阀，以使的泵在最低负荷条件下启动，避免启动脉冲电流过大损坏电机。

3. 启动泵，然后将控制阀开至最大以确定实验范围，在最大的流量范围内合理地布置实验点。

4. 将流量调至某一数值，待系统稳定后，读取并记录所需数据（包括流量为零时的各有关参数）

5. 实验结束，先关闭控制阀，再关闭离心泵电源，最后关闭总电源。

六、实验数据处理和结果讨论分析

1. 在将数据处理结果标绘于坐标图纸上之前，要求根据误差分析的理论，计算估计实验结果的误差，并根据计算结果求出坐标分度比例尺，根据该比例尺确定坐标分度后，再行标绘。

2. 对实验结果进行分析讨论，例如：离心泵的扬程、效率及泵的功率与流量之间的关系，分析一下之所以出现这种现象的原因，所得结果的工程意义等，从中得出一些结论。

3. 对实验数据进行必要的误差分析，评价一下数据和结果的好与差，并分析其原因。

4. 论述一下自己对实验装置和实验方案的评价，提出自己的设想和建议。

5. 试分析讨论，倘若泵的进出口直径不同，泵的特性曲线是否会发生变化？

七、思考题

1. 离心泵在启动前为什么要引水灌泵？如果已经引水灌泵了，离心泵还是不能正常启动，你认为是什么原因？

2. 为什么离心泵在启动前要关闭出口阀和仪表电源开关？

3. 为什么采用离心泵的出口阀调节流量？这种方法有什么优缺点？是否还有其他方法可调节泵的流量？

4. 能否在离心泵的进口管处安装调节阀，为什么？

5. 为什么要在离心泵进口管的末端安装底阀？

6. 如何合理布置实验点？

安全小贴士：不要靠近电机，防止衣角、头发等卷入。

实验3　过滤常数测定实验

一、实验目的

1. 学习并掌握应用数学模型法处理工程实际问题的研究方法。

2. 了解过滤设备的构造和操作方法。

3. 学习并掌握实验测定过滤常数的基本原理和方法，了解测定过滤常数的工程意义。

二、实验内容

测定恒压操作条件下的过滤常数 K，q_e。

三、基本原理

广义地讲，过滤是借助于能将固体物截留而让流体通过的（过滤）多孔介质将固体物从液体或气体中分离出来的单元操作。工业上，过滤多指液固系统的分离。过滤过程的本质是流体通过固定颗粒层（滤饼）的流动，只不过在过滤过程中，固定颗粒层的厚度在不断增加，流体流动阻力也不断增大，因此，在推动力（压差）不变的情况下，单位时间内通过过滤介质的液体量也在不断减少。如果将单位时间内通过单位过滤面积的滤液量定义为过滤速率，即

$$u=\frac{dV}{A\,d\tau}=\frac{dq}{d\tau} \tag{1}$$

$$q=\frac{V}{A} \tag{1a}$$

式中，V——通过过滤介质的滤液量，m^3；A——过滤面积，m^2；τ——过滤时间，s；u——过滤速率，m/s；q——通过单位过滤面积的滤液量，m^3/m^2。

可以预测，在恒定压差下，过滤速率$\frac{dq}{d\tau}$和累积滤液量q与过滤。时间τ将有如图1所示的关系。

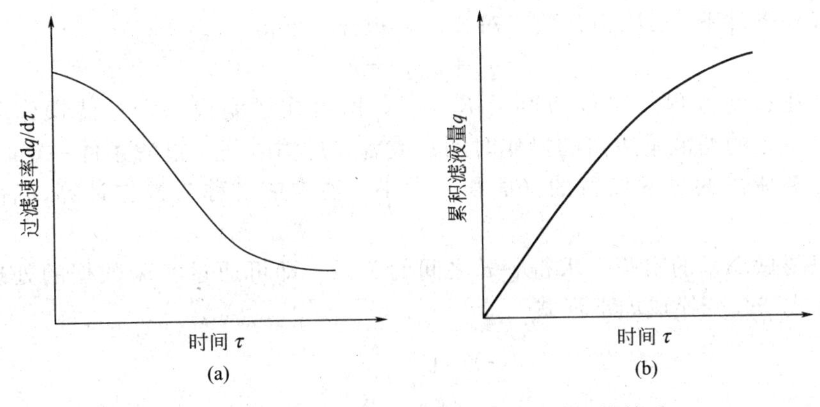

图1 过滤速率和累积滤液量与过滤时间的关系

尽管过滤是一个流体力学问题，但在过滤过程中，影响过滤速率的主要因素除了推动力（压差）大小、滤饼厚度外，还有滤饼、悬浮液（含有固体颗粒的原料液）性质、悬浮液温度、过滤介质的阻力等诸多因素，因此，难以直接采用流体在圆管中流动的有关计算公式来计算过滤速率和阻力。

如第1章的1.2节所述，对于过滤问题，可以根据过程的本质和特征对实际过程作出适当简化，从而可以采用适当的数学方程（模型）进行描述。

比较过滤过程与流体通过固定床的流动可知，过滤速率即为流体经过固定床的表观速率u，同时，液体在细小颗粒构成的滤饼空隙中的流动属于低雷诺数范围。因此，可利用流体通过固定床压降的简化数学模型，寻求滤液量与时间的关系。

根据第1章的1.2节的推导，在低雷诺数下，过滤速率可用康采尼（Kozeny）公式表示

$$u=\frac{dq}{d\tau}=\frac{1}{K'}\frac{\varepsilon^2}{(1-\varepsilon)^2a^2}\frac{\Delta p}{\mu L} \tag{2}$$

式中，K'——与滤饼空隙率、颗粒形状、排列方式等有关的常数，当 $Re'<2$ 时，$K'=5$；ε——滤饼的空隙率，m^3/m^3；a——颗粒的比表面积，m^2/m^3；Δp——压差，即过滤推动力，Pa；μ——滤液黏度，Pa·s；L——滤饼厚度，m。

根据物料衡算并考虑到过滤介质的阻力，可以推导得到过滤基本方程式

$$\frac{dq}{d\tau}=\frac{\Delta p}{\gamma\phi\mu(q+q_e)} \tag{3}$$

式中，γ——滤饼比阻，$1/m^2$，对可压缩滤饼，$\gamma=\gamma_0(\Delta p)^S$，$S$ 称为压缩指数；ϕ——悬浮液中的固含量，kg/m^3清液；μ——液体黏度，(Pa·s)；q_e——为形成与过滤介质阻力相当的滤饼层的虚拟滤液量。

为了简便起见，式(3) 可改写为

$$\frac{dq}{d\tau}=\frac{K}{2(q+q_e)} \tag{4}$$

$$K=\frac{2\Delta p}{\gamma\phi\mu} \tag{4a}$$

或

$$K=\frac{2\Delta P^{1-S}}{\gamma_0\phi\mu} \tag{4b}$$

式中的 K，q_e都称为过滤常数。

在恒压操作条件下，ΔP 为常数，对式(4) 积分，可得

$$q^2+2qq_e=K\tau \tag{5}$$

此即为恒压过滤方程。如若知道了 K、q_e，即可在过滤设备、过滤操作条件一定时，计算过滤得到一定的滤液量所需的操作时间；或者在过滤时间、过滤条件一定时，计算为完成一定生产任务所需的过滤设备的（面积）大小。通常前者称为操作计算，后者称为设计计算。

显然，只要做少量的实验，求得 q-τ 之间的关系，即可通过实验数据的处理得出 K 和 q_e。为此，将式(5) 变换成如下形式

$$\frac{\tau}{q}=\frac{1}{K}q+\frac{2}{K}q_e \tag{6}$$

实验时，只要保持过滤压力（差）不变，测得对应不同过滤时间所得到的滤液量，以$\frac{\tau}{q}$对 q 在直角坐标系中作图，得一直线，读取直线斜率$\frac{1}{K}$和截距$\frac{2}{K}q_e$，即可求得过滤常数 K 和 q_e，或者利用计算机直接对$\frac{\tau}{q}$和 q 的数据进行线性拟合，求得$\frac{1}{K}$和$\frac{2}{K}q_e$，进而算得 K 和 q_e。

在组织实验时，由于过滤开始时，在过滤介质上的固体颗粒尚未形成滤饼，如若实验一开始即以恒压操作，部分颗粒就可能因过滤推动力较大穿过过滤介质而得不到清液。因此，在实验开始后，首先在较小压力下操作片刻，待固体颗粒在过滤介质上形成滤饼后，再在预定的压力下操作至结束。

如此，若在恒压过滤前的 τ_1 时间内已通过了 q_1 滤液量，则在 $\tau_1\sim\tau$ 和 $q_1\sim q$ 范围内将式(4) 积分，整理后可得

$$\frac{\tau-\tau_1}{q-q_1}=\frac{1}{K}(q-q_1)+\frac{2}{K}(q_1+q_e) \tag{7}$$

式(7)表明，$q-q_1$ 和 $\frac{\tau-\tau_1}{q-q_1}$ 为线性关系，采用与式(6)同样的处理方法，亦可方便地求得 K 和 q_e。

如果滤饼是可压缩的，则可在实验中改变过滤压力（差）Δp，测得不同的 K 值，由 K 的定义式(4b)两边取对数得

$$\lg K=(1-S)\lg(\Delta p)+\lg(2/\gamma_0\phi\mu) \tag{8}$$

将 K 与 Δp 在双对数坐标上标绘得一直线，直线的斜率为（$1-S$），由此可得滤饼的压缩指数 S。将 S 代入式(8)又可求出滤饼的比阻。

要说明的是，虽然 Δp 是过滤的推动力，增大 Δp 可使过滤速率增大，但过滤速率亦与过滤阻力有关。工业上，经常采用减小阻力的办法来强化过滤操作，例如采用性能良好的过滤介质，在原料悬浮液中添加硅藻土、活性炭等惰性介质改善滤饼的结构，或加入其他有机的、无机的添加剂以减小悬浮液的黏度等，这些也是过滤问题研究的重点内容。

四、实验设计

1. 实验方案

用轻质碳酸钙（$CaCO_3$）粉和水配制的悬浮液做实验物料，以供料泵提供的压力为过滤动力源，测定不同过滤时间和与其对应的滤液量，通过对实验数据的处理即可求得过滤常数。

在该实验（装置）的设计中采用了计算机在线检测技术，即用电子秤来称量滤液，电子秤的称量信号经智能显示仪表输送至计算机软件程序中，并实时记录及显示。配以实验数据的自动计算处理功能，该实验（装置）具有准确、高效和便捷的技术特点。

2. 数据测试点及检测方法

实验中需记录的原始数据有过滤时间 τ 和对应的滤液量 V 以及过滤面积 A。如果滤液量以质量计量，还应测定滤液的温度以便计算其体积流量。

过滤时间 τ 用计算机时钟自动记录；操作时也可用两只秒表手工交替计时；

滤液量用计量桶下的电子秤计量并将信号输送至计算机软件程序中；必要时也可通过手工测量计量桶的滤液高度变化来计量。

原始数据记录表格式如表1所示。

表1　过滤常数测定实验原始数据记录表

实验装置号：No. ______；过滤器直径______/mm；过滤压力______/Pa；滤液温度______/℃

No.	过滤时间 τ/s	滤液质量 V/kg	No.	过滤时间 τ/s	滤液质量 V/kg
1					
2					
3					
…					

3. 控制点及调节方法

实验中应保持连续不断地向过滤器供料，同时要控制过滤压力稳定，为此，须设置压力调节阀。

4. 实验装置和流程

主要设备有过滤器：板框式过滤器（共3层滤板）；过滤介质：致密帆布滤布；供料泵；

悬浮液槽；清液槽（滤液计量桶）；流量控制阀和压力调节阀；压力表；温度计；计算机和过滤实验系统软件。

实验流程如图 2 所示。

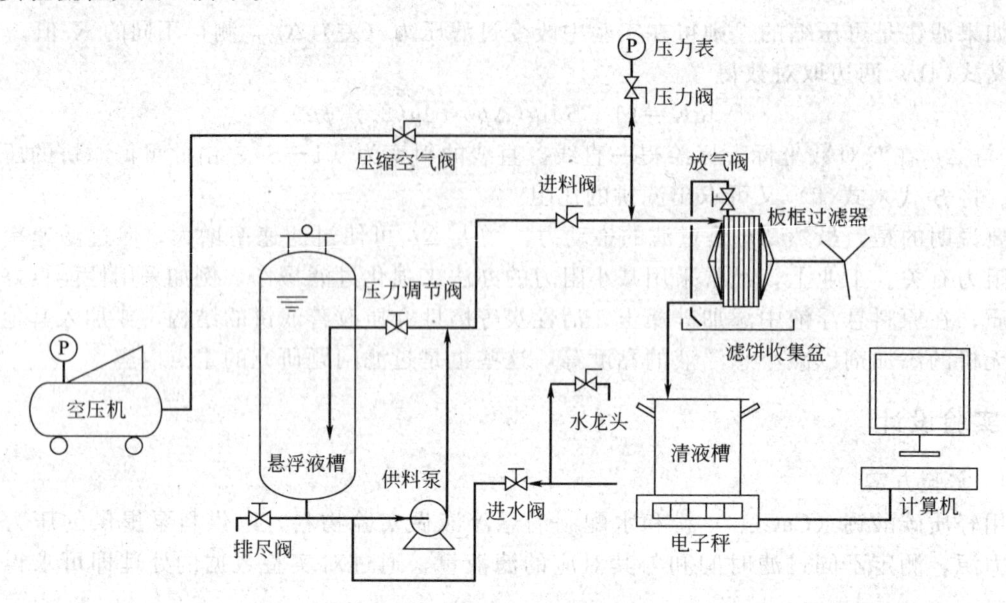

图 2 过滤常数测定实验流程

将碳酸钙（$CaCO_3$）在悬浮液槽内配制成浓度约为 1.015～1.030°Bé 的悬浮液，由底部的供料泵循环搅动，使浆液不致沉淀；通过调节压力阀的开度，将料液经旁路管路和进料阀送入板框过滤器过滤，滤液流入清液槽并由电子秤称重计量（信号同时送计算机系统）；过滤完毕后，可用压缩空气吹干滤饼。

可在 0.015～0.035MPa 的范围内选定过滤压力。

五、实验操作要点

1. 配料

用工业碳酸钙（$CaCO_3$）粉在悬浮液槽内配制滤液，其量宜为槽体积的 2/3 左右，浓度约在 1.015～1.030°Bé，由供料泵循环搅拌，防止沉淀。启动供料泵之前要检查关闭过滤进料阀，开启压力调节阀（同时作为料液循环阀）。

2. 装配过滤器

实验用的过滤器依装配顺序由支撑底座、板框、过滤板、滤布和盖板及紧固螺杆组成。

先用水浸湿滤布，再覆盖在过滤板上；将过滤器各部件按顺序装好后，手动旋转紧固螺杆将过滤器紧固，过滤器不应有明显外渗漏现象。

3. 操作准备

将清液槽放置在电子秤上，打开电子秤开关，称量去皮；

检查并关闭进料阀、进水阀和排尽阀，打开压力阀；

打开计算机，启动在线检测过滤实验软件系统，做好预输入数据有关工作（例如实验人员信息、实验设备和实验条件参数等）。

4. 过滤实验操作

(1) 在料液循环搅拌约 5min 后，打开进料阀，同时关小压力调节阀，在 0.015～

0.035MPa的范围内选定过滤压力。

(2) 与 (1) 同时，开、关过滤器放气阀2～3次，排尽过滤器中气体。

(3) 与 (1) 同时，操作计算机系统软件运行，实时记录并显示过滤时间和滤液量（软件的操作说明详见本实验附录）。

(4) 当滤液量很少，计算机显示的过滤曲线也趋于平缓时，可认为滤饼已充满滤框，可以结束实验。

依次开大压力调节阀以卸去过滤压力，关闭进料阀和供料泵；打开压缩空气阀将滤饼吹干约30s，收集滤饼后，将过滤器清洗干净并复位。

(5) 根据教学要求可重复测定两组或多组不同压力下的过滤常数，可通过数据处理获得压缩因子S。

六、实验数据处理和结果讨论分析

1. 以累计的滤液量q对时间τ作图，得出q与τ之间的关系（即过滤曲线）。

2. 根据过滤曲线，以$\frac{\tau-\tau_1}{q-q_1}$对$q+q_1$作图，求出$K$和$q_e$，并与计算机采用最小二乘法线性拟合的结果进行比较。

3. 对实验结果进行讨论分析并从中得出结论，提出自己的建议或设想。

4. 对实验数据进行误差分析，并寻找原因。

七、思考题

1. 过滤刚开始时，为什么滤液经常是混浊的？
2. 在恒压过滤中，为什么初期阶段不采取恒压操作？
3. 如果滤液的黏度比较大，你考虑采用什么措施来增大过滤速率？
4. 若操作压力增加一倍，过滤速率是否也增大一倍？
5. 如若提高过滤速率，可以采取哪些工程措施？
6. 在本实验中，数学模型方法的作用体现在哪些方面？

安全小贴士： 不要靠近电机，防止头发，衣角卷入。

实验3附录 过滤实验在线实时采样系统软件使用方法[1]

(1) 在做好过滤实验各项准备工作后，双击桌面“过滤在线实时采样”快捷键，启动程序。在欢迎界面依次输入各项信息，无误后点击“输入完毕”钮。如图1所示。

(2) 在提示框中设定过滤采样间隔时间，并确认（图2）。

(3) 开始过滤操作，依提示框中的提示按动相关按钮（图3）。

(4) 进入恒压过滤阶段后，计算机将自动按照设定的时间间隔进行实时采样，同时将结果显示在相应的表格中。实验采样结束时，点击“停止采样”钮（图4）。

(5) 停止采样后，提示框中“实验结果/数据表”按钮有效。点击后可打开实验结果（图5）。

(6) 通过“打印”按钮输出实验结果（图6）。

---

[1] 该软件由华东理工大学化工原理实验中心自行研制。

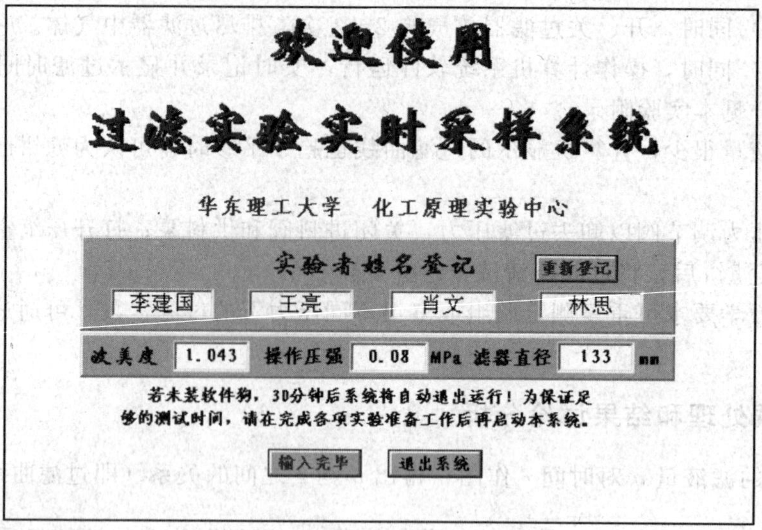

欢迎使用
过滤实验实时采样系统
华东理工大学 化工原理实验中心
实验者姓名登记 重新登记
李建国 王亮 肖文 林思
波美度 1.043 操作压强 0.08 MPa 滤器直径 133 mm
若未装软件狗，30分钟后系统将自动退出运行！为保证足够的测试时间，请在完成各项实验准备工作后再启动本系统。
输入完毕 退出系统

图 1 输入信息

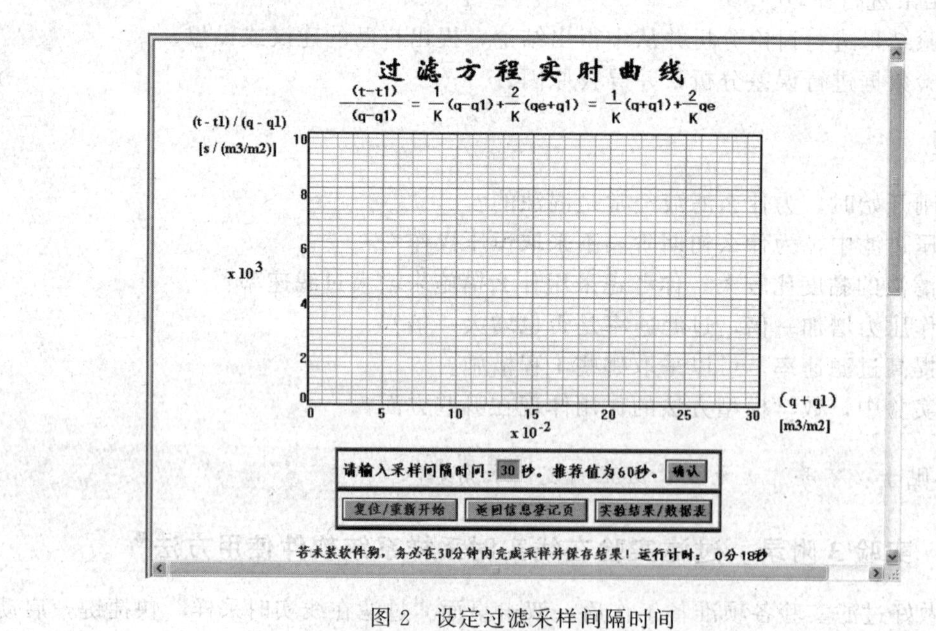

图 2 设定过滤采样间隔时间

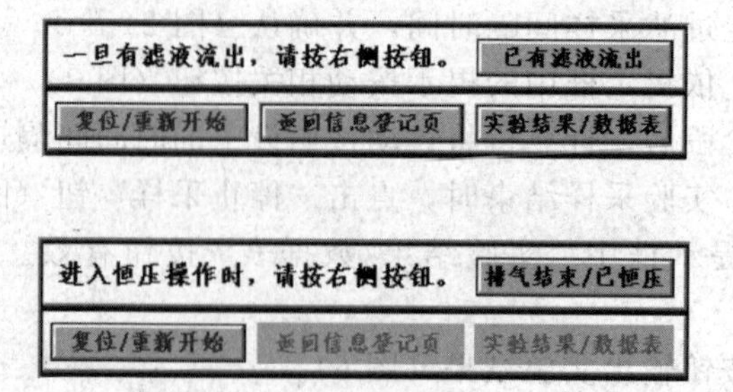

图 3 开始过滤操作

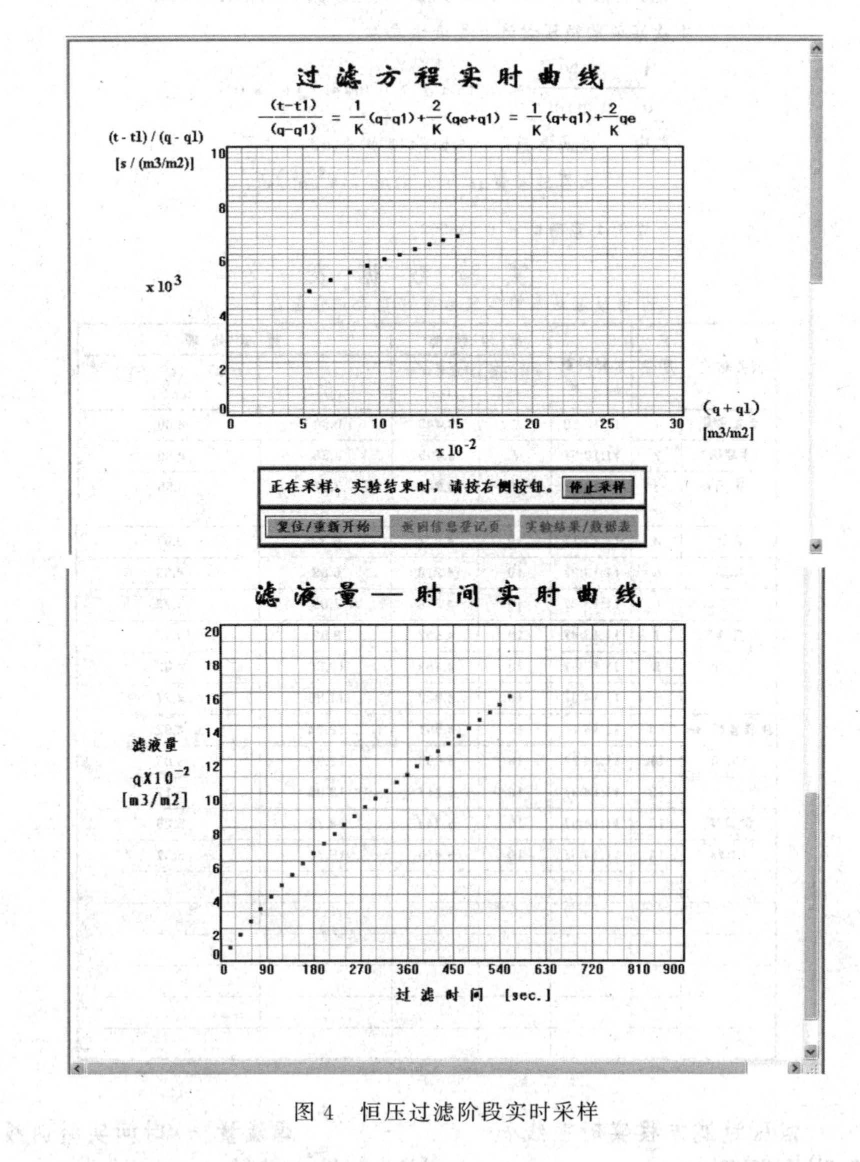

图4　恒压过滤阶段实时采样

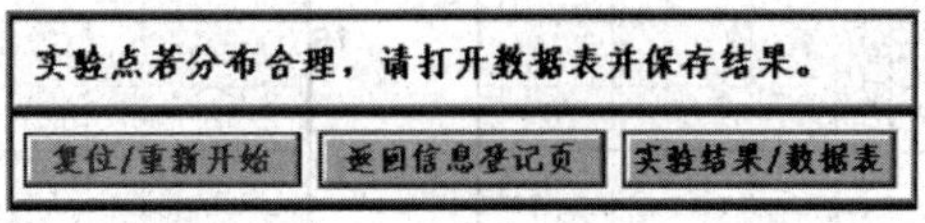

实验点若分布合理，请打开数据表并保存结果。

复位/重新开始　返回信息登记页　实验结果/数据表

图5　打开实验结果

过滤速率曲线测定实验结果

返回 打印

若未装软件狗，务必在30分钟内完成采样并保存结果！运行计时： 4分14秒

本次实验的恒压过滤方程表达式为：

$$\frac{t-7.00}{q-0.01141}=0.15\,(q+0.01141)+3.037$$

式中： 过滤常数K = 6.51 $\times 10^{-5}\ m^2/sec.$

当量滤液量qe = 9.8776 $\times 10^{-2}\ m^3/m^2$.

上式相关系数R = 0.996353

实 验 数 据 表

可通过滚动条将实验数据移至合适位置后再打印。

相关信息	序号	采样时刻 时:分:秒	原始数据		数据处理	
			采样间隔 [sec.]	清液累计量 [kg]	$(q+q1)\times10^2$ $[m^3/m^2]$	$(t-t1)/(q-q1)\times10^{-3}$ [sec/m]
小组成员	1	11:12:50	0	3.448	0.00	0.00
李建国	2	11:12:57	7	3.606	0.00	0.00
王亮	3	11:13:07	10	3.841	3.97	3.55
肖文	4	11:13:17	10	4.037	5.38	3.87
林思	5	11:13:27	10	4.218	6.69	4.09
	6	11:13:37	10	4.386	7.89	4.28
压强 MPa	7	11:13:47	10	4.542	9.02	4.45
0.080	8	11:13:57	10	4.689	10.08	4.62
	9	11:14:07	10	4.828	11.08	4.77
滤器直径 mm	10	11:14:17	10	4.961	12.04	4.92
133.0	11	11:14:27	10	5.090	12.97	5.05
	12	11:14:37	10	5.217	13.88	5.17
波美度	13	11:14:47	10	5.343	14.78	5.28
1.043	14	11:14:57	10	5.470	15.70	5.37

当前时刻： 11:16:24

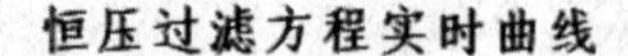

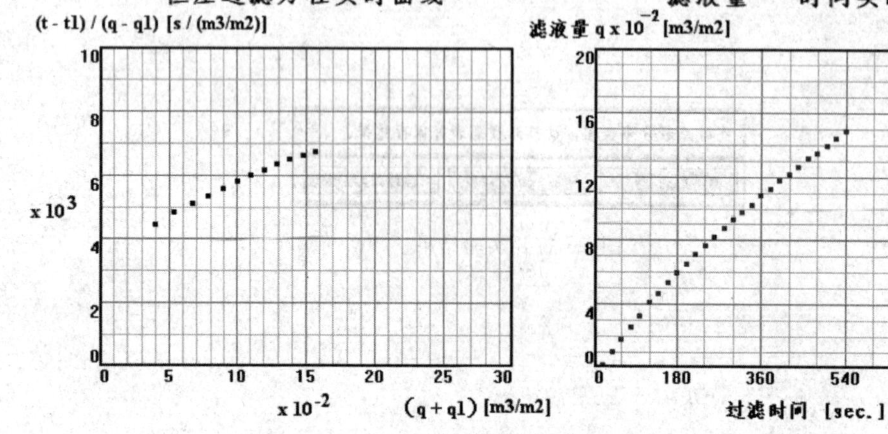

图 6 打印输出实验结果

(7) 点击操作页面的“返回信息登记页”按钮返回到欢迎界面后，通过“退出系统”按钮停止程序运行，结束实验。

(8) 在测取了两套以上不同恒压条件下的过滤实验数据后，若要求取滤饼比阻与压差的函数关系，可在电脑桌面调用相关计算程序进行数据处理。

实验4 对流给热系数测定实验

一、实验目的

1. 学习并掌握过程分解与合成的工程方法在间壁式对流传热问题研究过程中的应用，了解间壁式传热过程给热系数测定的实验组织方法。

2. 了解影响给热系数的工程因素和强化传热操作的工程途径。

3. 熟悉借助于热电偶测量壁面温度的方法。

4. 掌握间壁式换热设备给热系数和总传热系数的实验测定方法，了解给热系数测定的工程意义。

二、实验内容

1. 测定空气在垂直圆管内作强制湍流时的对流给热系数，并确定 N_u、Re 和 P_r 之间的关系。

2. 测定饱和水蒸气在垂直水平圆管外冷凝时的给热系数。

3. 测定空气和水蒸气在套管换热器中的总传热系数。

三、基本原理

在工业生产和科学研究中经常采用间壁式换热装置来实现物料的加热或冷却。这种换热过程是冷热流体通过传热设备中传热元件的固体壁面进行热量交换。传热设备的能力通常用传热速率方程表示

$$Q=KA\Delta t_{\mathrm{m}} \tag{1}$$

式中，K——传热系数，W/(m^2·℃)；Q——传热速率，W；A——传热面积，m^2；Δt_{m}——对数平均传热温差。

无论是对于换热器设备的设计或是核算换热器的传热能力，都需要知道传热系数 K。

在间壁式对流传热过程中，传热过程机理十分复杂，传热系数的大小受冷、热流体的性质、流动状态、固体壁面的导热性能等诸多因素的影响，目前，还不能直接采用严格的理论公式进行计算，必须借助于实验实际测定。但由于影响过程的因素众多，如若采用通常的直接实验方法，不仅实验工作量大，而且也不易弄清各种因素对过程的影响作用。根据间壁式传热过程的特点，由于冷热流体被传热元件间壁隔开，二者之间的相互影响可以忽略，因此，可以采用过程分解的方法，将整个传热过程分解为几个独立的子过程，分别单独进行研究，最后再将研究结果综合起来考虑。

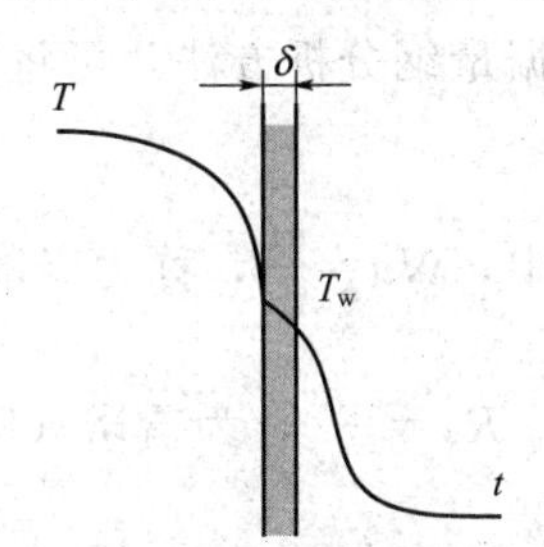

图1 间壁式传热过程示意图

如图1所示（T：热流体温度；t：冷流体温度；T_{w}：温差；δ：壁厚)，对于间壁式传热过程，可以将其看成是由下述三个传热子过程串联而成。

(1) 热流体与固体壁面之间的对流传热过程。

(2) 热量通过固体壁面的热传导过程。

(3) 固体壁面与冷流体之间的对流传热过程。

根据传热学基本原理，各个子过程的传热速率方程为

$$Q_h=\alpha_h A_h \Delta t_{mh}=\frac{\Delta t_{mh}}{\dfrac{1}{\alpha_h A_h}} \tag{2}$$

$$Q_w=\frac{\lambda}{\delta}A_w \Delta t_{mw}=\frac{\Delta t_{mw}}{\dfrac{\delta}{\lambda A_w}} \tag{3}$$

$$Q_c=\alpha_c A_c \Delta t_{mc}=\frac{\Delta t_{mc}}{\dfrac{1}{\alpha_c A_c}} \tag{4}$$

式中，Q——传热速率，W；α——对流给热系数，W/(m^2·℃)；A——传热面积，m^2；Δt_m——对数平均传热温差；λ——固体热导率，W/(m^2·℃)；δ——固体壁面厚度，m。下标，h——热流体；c——冷流体；W——壁面。

对于稳态传热过程，且忽略热损失，则

$$Q=Q_h=Q_w=Q_c \tag{5}$$

由式(1)~式(4) 可得

$$\frac{1}{KA}=\frac{1}{\alpha_h A_h}+\frac{\delta}{\lambda A_w}+\frac{1}{\alpha_c A_c} \tag{6}$$

或

$$\frac{1}{K}=\frac{A}{\alpha_h A_h}+\frac{\delta A}{\lambda A_w}+\frac{A}{\alpha_c A_c} \tag{7}$$

如此，可对三个传热子过程分别进行研究，得到 α_c、α_h后，即可计算出 K。

对于冷热流体的传热子过程，由于影响的因素仍然较多，为了减少实验工作量，可以采用量纲分析方法，将有关的影响因素组成若干无量纲数群，在此基础上再组织实验。

现以无相变的流体与固体壁面间的对流传热过程为例，说明实验的组织方法。

经研究可知，影响对流给热系数的因素如下。

(1) 流体物理性质：ρ、μ、C_p、λ；

(2) 圆管壁面的特征尺寸：l（若为圆管，则 $l=d$）；

(3) 操作因素：流速 u；

(4) 产生自然对流的升力：$\beta g \Delta T$。

因此

$$\alpha=f(l,\rho,\mu,C_p,\lambda,\mu,\beta g\Delta T) \tag{8}$$

根据量纲分析方法，可将式(8) 转化为无量纲方程，即

$$Nu=a_0 Re^{a_1} Pr^{a_2} Gr^{a_3} \tag{9}$$

其中，$Nu=\dfrac{\alpha l}{\lambda}$，称为努塞尔（Nusselt）特征数，描述对流给热系数的大小；

$Re=\dfrac{l\rho u}{\mu}$，为雷诺（Reynolds）特征数，表征流体流动状态；

$Pr=\dfrac{C_p \mu}{\lambda}$，称为普朗特（Prandtl）特征数，表征流体物性的影响；

$Gr=\frac{\beta g\Delta Tl^3\rho^2}{\mu^2}$，称为格拉斯霍夫（Grashof）特征数，描述自然对流的影响。

在强制湍流时，自然对流的影响可忽略，则

$$Nu=a_0Re^aPr^b \tag{10}$$

对于 Pr 的影响，当流体被加热时，$b=0.4$；当流体被冷却时，$b=0.3$。由此，可将式(10)表示为

$$\frac{Nu}{Pr^b}=a_0Re^a \tag{11}$$

上式两边取对数得

$$\lg\left(\frac{Nu}{Pr^b}\right)=\lg a_0+a\lg Re \tag{12}$$

由式(12) 可知，$\lg\left(\frac{Nu}{Pr^b}\right)$与 $\lg Re$ 成正比关系，在双对数坐标中以$\frac{Nu}{Pr^b}$对 Re 作图应为一直线，由直线的斜率和截距可分别求出 a_0和 a，从而确定 Nu 与 Re 之间的关系，亦可利用计算机根据最小二乘法拟合求得 a_0和 a。

实验中，传热速率可根据冷流体的热量衡算式求得

$$Q=G\overline{C_p}(t_{进}-t_{出}) \tag{13}$$

其中，$\overline{C_p}$的定性温度可取冷流体进出口温度的算术均值。

要强调的是，在该实验中应用过程分解的方法，不单是为了方便对 K 的研究，更为重要的是通过对 α_c、α_h的测定，可以知道传热的主要阻力，即过程控制步骤所在，从而找出过程强化的有效途径。例如，由式(7)，由于固定壁面一般采用传热性能良好的金属，其热导率 λ 较大，且壁厚 δ 较小，通常热传导的热阻力要较对流传热热阻$\frac{1}{\alpha_c}$和$\frac{1}{\alpha_h}$小得多，因此，式(7) 可简化为

$$\frac{1}{K}\approx\frac{1}{\alpha_c}+\frac{1}{\alpha_h} \tag{14}$$

若 $\alpha_c\gg\alpha_h$，K 值接近于 α_h，整个传热过程为热流体的传热步骤所控制；相反，若 $\alpha_c\ll\alpha_h$，则 K 值接近于 α_c，过程为冷流体对流传热步骤所控制。

工程上，在新型换热设备的设计或开发研究中，一般多着重于给热系数的计算或对子过程的研究，而对于现役换热器的评价或核算，通常只需知道总传热系数 K 即可。

四、实验设计

1. 实验方案

实验物系：热流体选用饱和水蒸气，冷流体选用空气。

实验的主体设备为套管换热器，空气走管内，蒸汽走管间。由于蒸汽在冷凝传热过程中有热损失，且不易计量，因此，传热速率以冷流体的热量衡算为基准。由式(1)、(2)、(4)、(12)、(13)，只要测得不同空气流量下冷热流体的进出口温度和换热器两端的壁温，即可计算出相应的 α_c、α_h，并通过数据整理，求出 Nu 与 Re 之间的关系。

2. 数据测试点及检测方法

根据实验基本原理和确定的实验方案可知，实验中需测定的原始数据有：空气流量 G；空气进、出口温度 t_1、t_2；水蒸气的温度 T（或压力 p）；内管两端的壁温 $t_{m上}$和 $t_{m下}$；换

热器内管的直径 d 和管长 l（用以计算传热面积）。

空气流量 G 用转子流量计测定，转子流量计要垂直安装在空气进口管路上，且前后要有足够的稳定段；t_1、t_2用热电阻温度计测定，并由数字仪表显示；T 用热电阻温度计测定，并由数字仪表显示；p 用蒸汽压力表测定；$t_{m上}$ 和 $t_{m下}$ 用铜-康铜热电偶测定，并由数字仪表显示。

由于传热元件壁厚较薄，且热电偶埋入内管壁内，因此固体壁面两侧的温差可忽略。于是，冷热流体的对流传热温差可按下式计算

$$\Delta t_{mh}=\frac{(T-t_{m上})-(T-t_{m下})}{\ln\frac{T-t_{m上}}{T-t_{m下}}} \tag{15}$$

$$\Delta t_{mc}=\frac{(t_{m上}-t_2)-(t_{m下}-t_1)}{\ln\frac{t_{m上}-t_2}{t_{m下}-t_1}} \tag{16}$$

总传热温差为

$$\Delta t_m=\frac{(T-t_2)-(T-t_1)}{\ln\frac{(T-t_2)}{(T-t_1)}} \tag{17}$$

原始数据记录表格式如表 1 所示。

表 1 给热系数测定实验原始数据记录表

实验装置号：NO. ______；管径 d ______/mm；管长 l ______/m；蒸汽压力 p ______/MPa

NO.	蒸汽压力 p /MPa	蒸汽温度 T /℃	空气流量 G/（L/h）	空气进口温度 t_1/℃	空气出口温度 t_2/℃	上壁温 $t_{m上}$/℃	下壁温 $t_{m下}$/℃
1							
2							
3							
4							
5							
…							

3．控制点及调节方法

需控制的变量有：空气流量 G，用转子流量计控制调节；蒸汽温度 T，用加热器及固态继电器控制。

4．实验装置及流程

主要设备：套管换热器、电加热器及固态继电器控制仪表、鼓风机、蒸汽发生器、转子流量计、蒸汽压力表、铜-康铜热电偶温度计、热电阻温度计。

实验装置的主体设备为垂直安装的长度为 1.5m 的套管换热器，内管（传热元件）是一根直径为 16mm，壁厚为 1.5mm，有效长度为 1.3m 的紫铜管。在紫铜管的两端外壁面各埋设三对铜-康铜热电偶，并接至数字显示仪表，用于测定壁温。

实验装置流程如图 2 所示，来自鼓风机的空气经转子流量计计量，然后从换热器底部进入内管中，与套管间的水蒸气换热，最后从换热器顶部出口的排风管排至室外。空气的流量

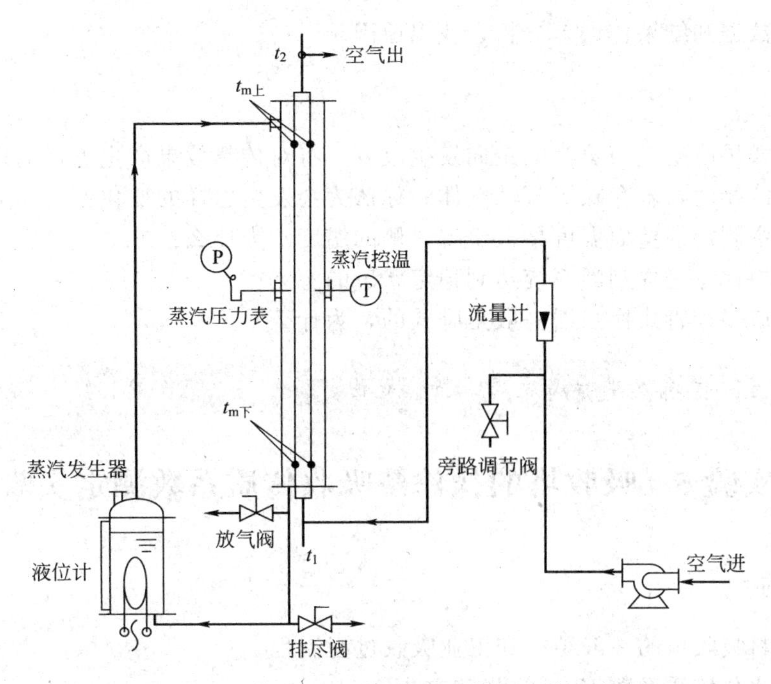

图 2　对流传热过程测定给热系数实验装置流程

通过旁路调节阀控制。

在空气的进、出口各装有一只热电阻温度计测定空气的温度。内管两端的壁温由热电偶温度计测定。

来自蒸汽发生器的水蒸气从换热器上部进入管间与内管的空气进行换热，冷凝水从换热器底部返回蒸汽发生器。

五、实验操作要点

1. 检查蒸汽发生器中去离子水的液位，应保证水液位在液位管段高度 2/3 以上，防止加热时烧坏电加热棒。

2. 启动鼓风机，打开空气流量计（或调节旁路阀），先使空气流量暂定在 $15\sim17m^3/h$ 左右，再启动加热电源开关，蒸气发生器开始工作；打开套管底端法兰下的排气阀，当下壁温达到 70℃以上时快速关闭排气阀，此时不凝性气体已被水蒸气置换完毕。水蒸气的温度由固态继电器控制在 105℃。

3. 在空气流量 $4\sim25m^3/h$ 的变化范围内确定 4～6 个实验点，待空气出口温度稳定 5min 以上不变时，方可记录一组实验数据。

4. 实验结束时，先关闭加热电源，保持冷空气继续流动 10min，以使套管换热器及管壁足够冷却，保护热电偶接触正常。

六、实验数据处理和结果讨论分析

1. 在双对数坐标纸上求出 Nu 和 Re 之间的关系，并拟合其关联式。

2. 分析冷流体流量的变化对 α_c、α_h 和 K 的影响。

3. 通过比较 α_c 和 α_h，指出过程控制步骤所在，提出强化传热的措施。

4. 根据式(7) 计算 K'，并与实验直接测得的 K 比较两者的差异，试分析原因。

5. 对实验数据和结果作误差分析，找出原因。

七、思考题

1. 实验中如果冷空气与蒸汽的走向发生改变，将对传热效果产生怎样的影响？
2. 在蒸汽冷凝时，若存在不凝性气体，你认为会发生怎样的变化？
3. 本实验中测定的壁面温度接近于哪一侧的温度？为什么？
4. 在实验中你是怎样判断系统达到稳定状态的？
5. 工业生产中列管式换热器一般是卧式的，为什么？

安全小贴士：蒸汽发生器温度高，当心烫伤。

实验5 吸收塔的操作及吸收传质系数测定实验

一、实验目的

1. 了解填料吸收塔的一般结构和工业吸收过程流程。
2. 掌握吸收总传质系数 K_ya 的测定方法。
3. 考察吸收剂进口条件的变化对吸收效果的影响。
4. 了解采用过程分解与合成的工程方法来处理气-液传质过程问题中的研究思路。

二、实验内容

分别改变吸收剂的流量、温度和气体的流量，观察实验现象，测定气体的进、出口浓度和吸收剂的进、出口温度，计算回收率 η，传质推动力 Δy_m 和传质系数 K_ya。通过对实验数据的处理，分析气、液相流量变化和吸收剂温度改变对于吸收传质效果的影响。

三、基本原理

1. 概述

吸收过程是依据气相中各溶质组分在液相中的溶解度不同而分离气体混合物的单元操作。在化学工业中，吸收操作广泛地用于气体原料净化、有用组分的回收、产品制取和废气治理等方面。在吸收过程研究中，一般可分为对吸收过程本身的特点或规律进行研究和对吸收设备进行开发研究两个方向。前者的研究内容包括吸收剂的选择、确定影响吸收过程的主要因素、测定吸收速率等，研究的结果可为吸收过程工艺设计提供依据，或为过程的改进及强化提供方向；后者研究的重点为开发新型高效的吸收设备，如新型高效填料、新型塔板结构等。

吸收通常在塔设备内进行，工业上可以采用填料塔或板式塔，本实验使用的是填料塔。填料塔一般由以下几部分构成：①圆筒壳体；②填料；③支撑板；④压板；⑤液体分布器；⑥液体再分布器；⑦捕沫装置；⑧进、出口接管等。其中，塔内放置的专用填料作为气液接触的媒介，其作用是使从塔顶流下的流体沿填料表面散布成大面积的液膜，并使从塔底上升的气体增强湍动，从而为气液接触传质提供良好条件。液体分布装置的作用是使得液体在塔内有一良好的均匀分布。而液体在从塔顶向下流动的过程中，由于靠近塔壁处空隙大，流体阻力小，液体有逐渐向塔壁处汇集的倾向，从而使液体分布变差。液体再分布器的作用是将上段填料流下的液体收集后再重新分布。

填料是填料吸收塔最重要的部分。对于工业填料，按照其结构和形状，可以分为散堆填料和规整填料两大类。其中，散堆填料是一粒粒的具有一定几何形状和尺寸的填料颗粒体，以散装（乱堆）的方式堆积在塔内。常见的散堆填料有拉西环、鲍尔环、阶梯环、弧鞍环、矩鞍环等。填料的材质可以是金属、塑料、陶瓷等；规整填料是由许多具有相同几何形状的填料单元体组成，以整砌的方式装填在塔内。常见的规整填料有丝网波纹填料、孔板波纹填料等。填料的性能评价指标主要是填料的比表面积和空隙率。填料的作用为能提供较大的气液接触面积和较小的流动压降。

2. 吸收速率方程式和吸收传质系数

（1）吸收传质速率

吸收传质速率由吸收速率方程式决定

$$N_A = K_y A \Delta y_m \tag{1}$$

或

$$N_A = K_y a V_P \Delta y_m \tag{2}$$

式中，N_A——吸收速率，mol/h；K_y——气相吸收传质系数，mol/(m^{2}h)；A——气液接触传质面积，m^2；Δy_m——塔顶、塔底气相平均传质推动力；a——填料的比表面积，m^2/m^3；V_P——填料体积，m^3。

严格说来，a 应为单位体积填料的有效润湿表面积。由于 a 的大小与物系对填料表面的润湿性和气液流动状况有关，工程上为方便起见，将 K_y 和 a 合并为一个常数，即

$$K_y a = K_y \times a$$

式中，$K_y a$——气相体积吸收传质系数，mol/(m^{3}h)。

因此，吸收传质速率方程式又可表示为

$$N_A = K_y a V_P \Delta y_m \tag{3}$$

（2）气相平均传质推动力 Δy_m

由吸收过程物料衡算

$$L(x - x_{进}) = G(y - y_{出}) \tag{4}$$

可得

$$y = (L/G)(x - x_{进}) + y_{出} \tag{5}$$

式中，L、G——气、液相流量，mol/(m^{2}h)；x、y——气、液相溶质组分的摩尔分数。

式(5) 即为吸收过程的操作线方程式。

由图1可看出，吸收过程的推动力，即为吸收操作线与相平衡线之间的浓度差。

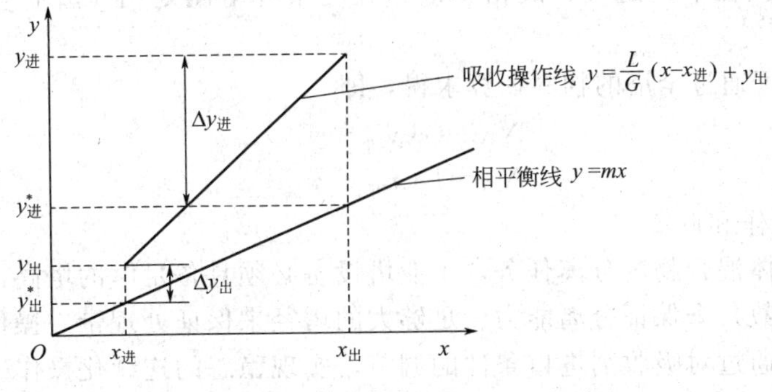

图1 吸收操作线、相平衡线及推动力

对于低浓度吸收过程，气、液相平衡关系近似为直线，即

$$y=mx$$

其中，m 为相平衡常数，则气相平均传质推动力可表示为

$$\Delta y_{\mathrm{m}}=\frac{\Delta y_{进}-\Delta y_{出}}{\ln\frac{\Delta y_{进}}{\Delta y_{出}}} \tag{6}$$

其中，$\Delta y_{进}$ 和 $\Delta y_{出}$ 分别为塔底和塔顶位置的气相传质推动力（* 为平衡）

$$\Delta y_{进}=y_{进}-y_{进}^{*}=y_{进}-mx_{出} \tag{7}$$

$$\Delta y_{出}=y_{出}-y_{出}^{*}=y_{出}-mx_{进} \tag{8}$$

（3）传质系数

传质系数 $K_{y}a$ 是吸收过程涉及的重要工艺参数。由式(3) 可得

$$K_{y}a=\frac{N_{\mathrm{A}}}{V_{\mathrm{p}}\Delta y_{\mathrm{m}}} \tag{9}$$

由于影响 $K_{y}a$ 的因素很多，通过实验测定 $K_{y}a$，就是要找出 $K_{y}a$ 与各影响因素之间的关系。根据相际传质理论，可将吸收传质过程分解为以下三个步骤。

① 溶质由气相主体传递至气液两相界面，即气相主体内的物质传递过程。

② 溶质在相界面上的溶解，由气相转入液相，即发生在界面上的溶解过程。

③ 溶质自相界面传递至液相主体，即液相主体内的物质传递过程。

界面溶解过程极易进行，传质阻力极小，可认为相界面上保持着两相平衡关系，因此，过程的传质速率实际上由气、液两相的传质速率所决定。

根据双膜理论，认为气液界面两侧各存在一层滞止的气膜和液膜，传质阻力全部集中于这两层膜中，膜中的传质是定态的分子扩散，因此，总传质系数 $K_{y}a$ 可表示为

$$\frac{1}{K_{y}a}=\frac{1}{k_{y}a}+\frac{m}{k_{x}a} \tag{10}$$

式中，$k_{y}a$——气膜吸收传质系数，mol/(m³h)；$k_{x}a$ ——液膜吸收传质系数，mol/(m³h)。

一般情况下，$k_{x}a$ 和 $k_{y}a$ 仅分别受液相流量 L 和气相流量 G 的影响，即

$$k_{y}a=AG^{a} \tag{11}$$

$$k_{x}a=BL^{b} \tag{12}$$

显然，$K_{y}a$ 与气相流量 G、液相流量 L 都密切相关，其关系可由下式表示

$$K_{y}a=CG^{C1}L^{C2} \tag{13}$$

这样，只要通过实验在不同的气、液相流量和温度条件下测定出 $y_{进}$ 和 $y_{出}$，即可由式(9) 计算出 $K_{y}a$。

传质速率 N_{A} 可通过全塔的物料衡算求得，即

$$N_{\mathrm{A}}=G(y_{进}-y_{出}) \tag{14}$$

或

$$N_{\mathrm{A}}=L(x_{出}-x_{进}) \tag{15}$$

3. 吸收塔的操作和调节

为实现某一气体混合物的分离任务，工业塔设备必须具备足够的塔高（足够高的填料高度或足够多的塔板数）来保证分离能力、足够大的塔径来保证处理量。操作应在正常的气液负荷条件下进行，通过对吸收剂进口条件的调节，实现稳态的连续化操作。

吸收操作的质量评价指标可用回收率 η 或气相尾气浓度 $y_{出}$ 来表示。对低浓度气体吸收，回收率可近似用下式计算

$$\eta=\frac{y_{进}-y_{出}}{y_{进}}\times 100\%$$

对于工业吸收过程，气体进口条件（流量、温度、压力、组成等）通常由前一工序决定，因此，只能通过改变吸收剂的进口条件，即改变吸收剂的进口浓度 $x_{进}$、温度 $t_{进}$ 及流量 L，工程上一般习惯将吸收剂的进口浓度 $x_{进}$、温度 $t_{进}$ 及流量 L 称为吸收剂的三要素。

（1）吸收剂流量对吸收结果的影响

改变吸收剂流量是对吸收过程进行调节的最常用方法（图 2）。

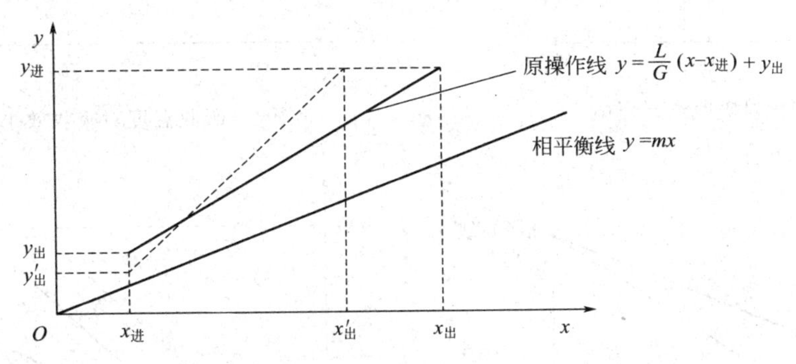

图 2　吸收剂流量变变对吸收结果的影响

当气体流量和浓度不变时，增大吸收剂流量，吸收速率将随之增大，溶质吸收量增加，气体出口组成 $y_{出}$ 减小，回收率 η 增大。

当液相阻力较小时，增加液体的流量，对传质系数影响不大，溶质吸收量的增加主要是由于传质推动力的增大而引起；但当液相阻力较大时，吸收剂流量的增加将使传质系数明显增大，从而使传质速率加快，溶质吸收量增大。因此，一般情况下，增加吸收剂的用量对吸收分离总是有利的。但是，吸收剂流量的增大有时要受到塔内流体力学条件的制约（例如压降、液泛等），也要综合考虑吸收液解吸操作过程的费用。

（2）吸收剂进口浓度变化对吸收结果影响

吸收剂进口浓度 $x_{进}$ 的变化主要是改变了传质推动力的大小。由图 3 所示，$x_{进}$ 低，吸收塔顶部的传质推动力 $\Delta y_{出}$ 增大，全塔平均传质推动力将随之增大，有利于塔顶气体出口浓度 $y_{出}$ 的降低和回收率 η 的提高。

在吸收-解吸联合操作的过程中，$x_{进}$ 一般由解吸操作的结果决定。这也说明，解吸效果的好坏直接影响到吸收操作。

（3）吸收剂进口温度变化对吸收效果影响

吸收剂进口温度对吸收过程影响特别大，也是控制和调节吸收操作的一个重要因素。参见图 4，如果吸收剂进口温度降低，相平衡常数减小，导致平衡线下移，传质推动力 Δy_{m} 增加，吸收过程阻力 $\frac{1}{k_{y}a}$ 减小，结果使吸收速率增大，$y_{出}$ 减小，回收率提高。因此，在工业生产中，总希望吸收操作尽可能在较低的温度下进行。

应当注意的是，当气液两相在塔底接近平衡（$L/G<m$ 的情况下，如图 5 所示），欲降低 $y_{出}$，提高回收率，用增大吸收剂 L 的方法更有效；但是，当气液两相在塔顶接近平衡时（$L/G>m$），参见图 6，提高吸收剂 L 用量，即增大 L/G 并不能使 $y_{出}$ 明显降低，只有降低吸收剂入塔浓度 $x_{进}$ 才是最有效的。

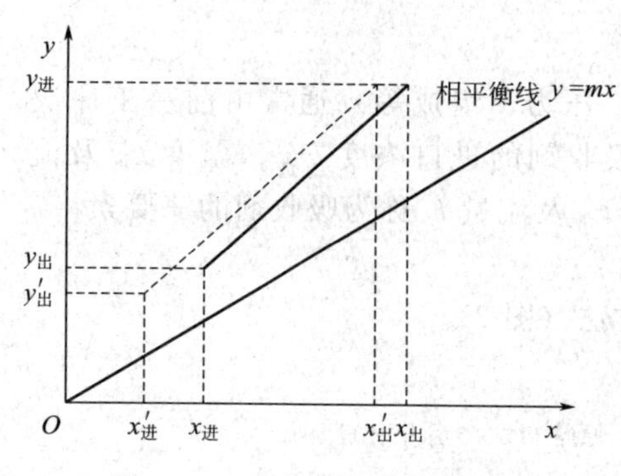

图 3 $x_{进}$变化对吸收结果影响

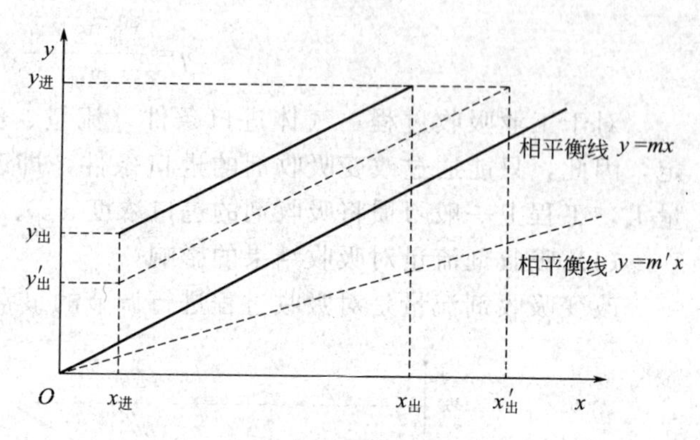

图 4 吸收温度对吸收效果影响

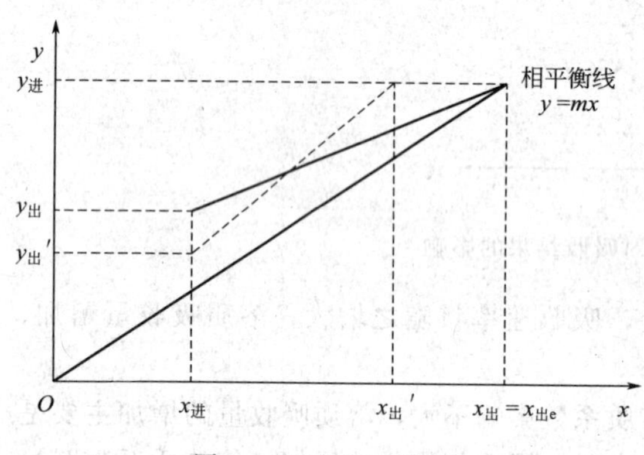

图 5 $A=L/(mG)<1$

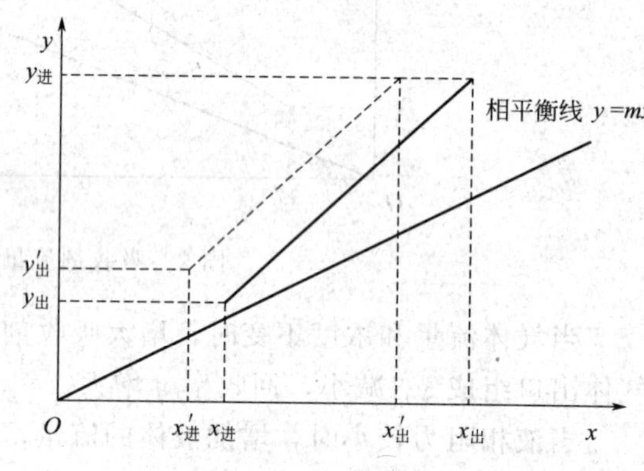

图 6 $A=L/(mG)>1$

四、实验设计

1. 实验方案

用自来水（$x_{进}=0$）作吸收剂，吸收空气混合气中的丙酮，实验操作压力为常压。使气、液两相在填料塔中逆流接触，分别改变气、液相的流量和吸收剂的温度，测定气相的进出口浓度 $y_{进}$ 和 $y_{出}$，即可计算获得各种条件下的传质系数及吸收回收率。

2. 数据检测点及检测仪表

根据实验原理，欲求取传质吸收系数和回收率，需测取的原始数据有：气体的进、出口浓度 $y_{进}$ 和 $y_{出}$；气、液相流量 G、L 及气体压力 p；吸收剂进、出口温度 $t_{出}$、$t_{进}$，此外，还有吸收塔的直径和填料高度（用以计算填料体积）。

根据以上分析设置必要的检测点，并选配必要的检测仪表。

$y_{进}$和 $y_{出}$用气相色谱仪分析；

G 用气体转子流量计计量；L 用液体转子流量计计量；吸收剂进出口温度用热电阻温度计测定并以数显仪表显示。

实验原始数据记录表格如表 1 所示。

3. 控制点及调节方法

实验中需改变的变量有：气体压力，气、液相流量 G、L 和吸收剂进口温度 $t_{进}$，据此确定实验装置的控制点并配置控制器件。气体压力采用压力定值器调节。

G、L 用手动阀门（转子流量计）调节，液体温度用电加热器和固态继电器调节控制。

表 1　吸收传质系数测定实验原始数据记录表

实验装置 No. ______；填料塔直径______/mm；填料高度______/mm；填料型号______；

定值器压力______/MPa；环境温度______/℃；环境压力______/MPa；色谱系数______

No.	液体流量 L /(L/h)	气体流量 G /(L/h)	进口温度 $t_{进}$ /℃	出口温度 $t_{出}$ /℃	进口浓度 $y_{进}$ /%	出口浓度 $y_{出}$ /%
1						
2						
3						
4						
5						

4. 实验装置和流程

主要设备：填料吸收塔（其中填料采用陶瓷拉西环）、丙酮鼓泡容器、空气压缩机、气相色谱仪。

液封装置：为防止气相短路，需设置液封装置，即 Ⅱ 形管，见图 7。

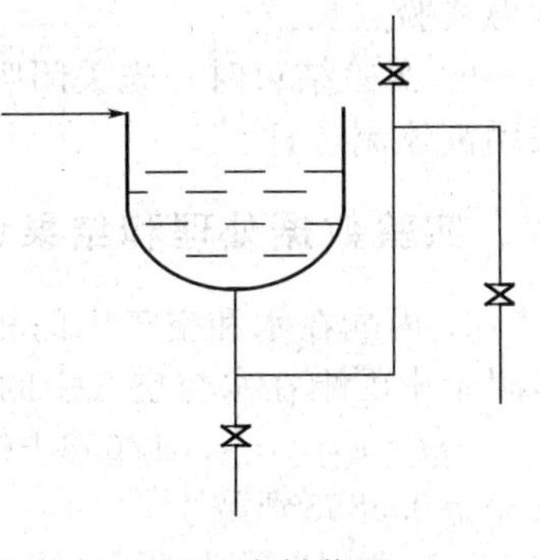

图 7　液封装置

实验流程如图 8 所示。空气由空气压缩机提供，用压力定值器调节至 0.02MPa（表压），经气体转子流量计计量后通入丙酮容器，空气穿过丙酮液层鼓泡，使微量丙酮汽化并与之形成混合原料气，从填料吸收塔底部进入塔内与塔顶流下的液体逆流接触，贫气从塔顶出口流出。塔顶贫气再经过尾气再吸收器进一步吸收其中所含的微量丙酮后排空。吸收剂为来自高位槽的自来水，经转子流量计计量，通过电加热器，自吸收塔顶进入塔内，吸收后的富液经过液封装置流入吸收液贮槽。

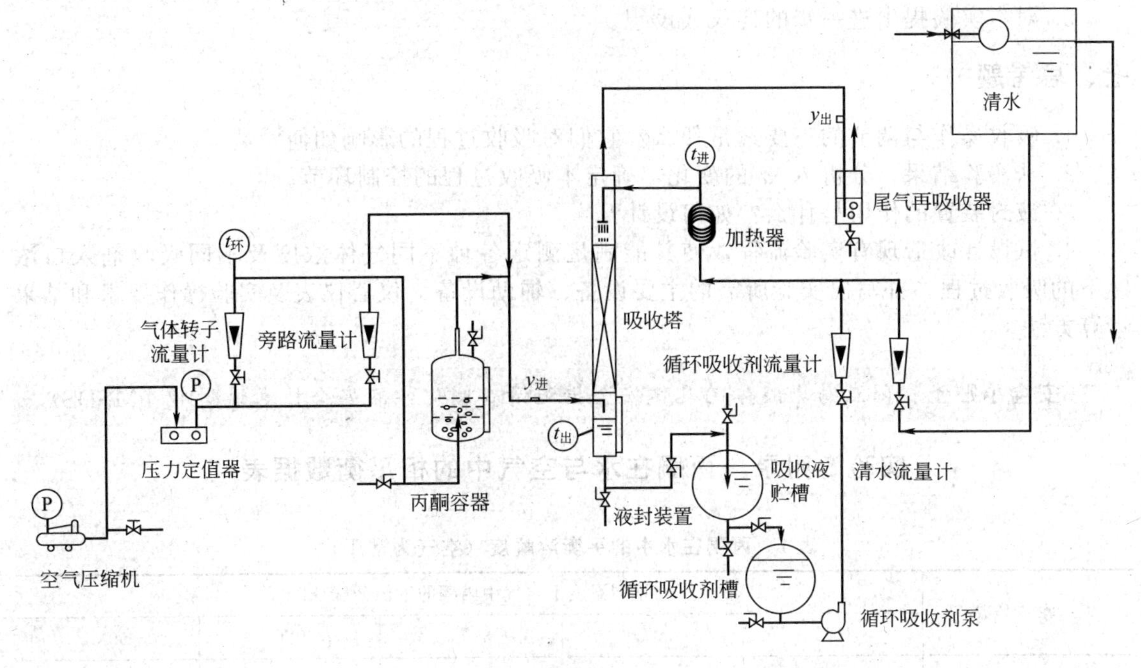

图 8　吸收实验流程

五、实验操作要点

1. 启动空气压缩机，通过旁路阀调节压缩机出口压力为0.1～0.2MPa，打开吸收剂流量计（阀门），让水流动片刻，预先使填料充分润湿。

2. 调节压力定值器使气体进塔的压力稳定在0.02MPa（表压）左右。

3. 调节液封装置中的调节阀使吸收塔塔底液位处于适当高度。

4. 在空气流量为400～900L/h、水流量为2～6L/h范围内适当安排4～6个实验点，前几个实验点在常温下进行，最后的实验点在吸收剂进口温度为35℃的升温条件下进行。在每个实验点的吸收剂出口温度稳定5min后，分别取样分析气体的进、出口组成$y_{进}$、$y_{出}$，为保证系统稳定，先取$y_{出}$，后取$y_{进}$。

5. 在考察吸收剂温度的升高对吸收效果的影响时，打开加热器开关，加热器在固态继电器的控制下自动稳定在35℃。由于受系统加热平衡较滞后的影响，系统稳定的时间要较常温实验点长。

6. 实验结束时，先关闭吸收剂加热电源，再关闭气体转子流量计和压力定值器，最后关闭液体流量计。

六、实验数据处理和结果讨论分析

1. 丙酮在水和空气中的相平衡常数可用下述经验关联式计算（亦可通过内插法从本实验附录中丙酮在水与空气中的相平衡数据表中查取）。

$$m=\exp(-0.517658+0.0576699t-1.76149\times10^{-4}t^2-8.21091x+49.9976x^2)$$

或 $m=0.5855e^{0.0518t}$

式中，t——体系温度，$10℃\leqslant t\leqslant 50℃$；$x$——液相溶质浓度，$0.01\leqslant x\leqslant 0.04$。

2. 分析并讨论L、G、$t_{出}$的变化对$y_{出}$和η的影响。

3. 讨论L、G、$t_{出}$的变化引起传质系数、传质平均推动力的变化。

4. 根据实验结果，从传质阻力的角度，讨论传质过程阻力控制环节所在。

5. 对本实验提出进一步的建议或设想。

七、思考题

1. 吸收操作与调节的三要素是什么？它们对吸收过程的影响如何？

2. 从实验结果，分析K_ya的变化，确定本吸收过程的控制环节。

3. 液封装置的作用是什么？如何设计？

4. 试设计改造现有实验流程，使其能满足测定各种不同气体浓度及不同吸收剂入口浓度下的吸收过程，并写出实验所需的主要设备、辅助设备、仪器仪表及实验操作要求和结果计算方法。

安全小贴士：闪点易燃液体的具体安全措施请查阅化学品安全技术说明书（MSDS）。

实验5附录 丙酮在水与空气中的相平衡数据表

表1 丙酮在水中的平衡溶解度（空气为常压）

x,摩尔分数	不同温度下空气中丙酮的平衡分压/kPa				
	10℃	20℃	30℃	40℃	50℃
0.01	0.906	1.599	2.706	4.399	7.704

续表

x,摩尔分数	不同温度下空气中丙酮的平衡分压/kPa				
	10℃	20℃	30℃	40℃	50℃
0.02	1.799	3.066	4.998	7.971	12.129
0.03	2.692	4.479	7.131	11.063	16.528
0.04	3.466	5.705	8.997	16.528	20.660
0.05	4.185	6.838	10.796	18.862	24.525
0.06	4.745	7.757	12.263	18.794	27.724
0.07	5.318	8.664	13.596	20.926	30.923
0.08	5.771	9.431	14.928	22.793	33.722
0.09	6.297	10.197	16.128	24.525	36.255
0.1	6.744	10.930	17.061	26.258	38.654

表2 丙酮在水与空气体系中的相平衡常数（空气为常压）

x,摩尔分数	$m(m=y/x)$，相平衡常数				
	10℃	20℃	30℃	40℃	50℃
0.01	0.894	1.58	2.67	4.34	6.81
0.02	0.888	1.51	2.47	3.93	5.98
0.03	0.886	1.47	2.35	3.64	5.44
0.04	0.855	1.41	2.22	3.42	5.11

实验6 精馏塔的操作与全塔效率测定实验

一、实验目的

1. 了解板式精馏塔的结构及精馏流程。
2. 理论联系实际，掌握精馏塔的操作。
3. 掌握精馏塔全塔效率的测定方法。

二、实验内容

1. 采用乙醇-水物系测定精馏塔全塔效率。
2. 在部分回流条件下进行连续精馏操作，并在规定时间内完成300～500mL乙醇产品的生产任务，并要求塔顶产品中的乙醇浓度大于93%（体积分数），同时塔釜出料中乙醇浓度不超过3%（体积分数）。

三、基本原理

1. 概述

精馏是利用液体混合物中各组分间相对挥发度不同使之分离的单元操作。根据精馏塔内构件不同，可将精馏塔分为板式塔和填料塔两大类。根据塔内汽、液接触方式不同，亦可将前者称为级式接触传质设备，后者称为微分式接触传质设备。

塔板是板式精馏塔的主要构件，是汽、液两相接触传热、传质的主要介体。通过塔底的再沸器对塔釜液体加热使之沸腾汽化，上升的蒸汽穿过塔板上的孔道和板上的液体接触进行传热传质。塔顶的蒸汽经冷凝器冷凝后，部分作为塔顶产品，部分冷凝液则回流返回塔内。来自塔顶的液体自上而下经过降液管流至下层塔板口，再横向流过整个塔板，经另一侧的降液管流下。汽、液两相在塔内整体呈逆流，板上呈错流，这是板式塔内汽、液两相的流动特征。好的塔板具有处理量大、效率高、阻力小（压降低）、结构简单等优点，工业上常用的有筛板塔板、浮阀塔板和泡罩塔板等。

2. 精馏塔的塔板效率及测定

塔板效率是精馏塔设计的重要参数之一。有关塔板效率的定义有如下几种：点效率、默弗里（Murphree）板效率、湿板效率和全塔效率等。影响塔板效率的因素有很多，如塔板结构、汽液相流量和接触状况以及物性等。迄今为止，塔板效率的计算问题尚未得到很好的解决，一般还是通过实验的方法测定。

由于受到众多复杂因素的影响，精馏塔内各板和板上各点的效率不尽相同，工程上有实际意义的是在全回流条件下测定全塔效率。全塔效率的定义如下。

$$\eta=\frac{N_T-1}{N}\times100\% \tag{1}$$

式中，N_T——全回流下的理论板数（塔釜算作一块理论板）；N——精馏塔的实际塔板数。

只要在全回流条件下测得塔顶和塔底目标组分的浓度 x_D 和 x_W，即可根据物系的相平衡关系，在 y-x 图上通过作图法求得 N_T，并根据式（1）得出 η。

全塔效率是板式精馏塔分离性能的综合度量，它不仅与影响点效率、板效率的各种因素有关，而且还与塔板上汽液相组成的变化有关。因此，全塔效率是一个综合了塔板结构、物性、操作变量等诸多因素影响的参数。

3. 精馏塔的操作及调节

精馏塔操作的目的指标包括质量指标和产量指标。质量指标是塔顶产品和塔底产品都要达到一定的分离要求；产量指标是指在规定的时间内要获得一定数量的合格产品。操作过程中调节的目的是要根据精馏过程的原理，采用相应的控制手段，调整某些工艺操作参数，保证生产过程能稳定连续进行，并能满足过程的质量指标和产量指标。

（1）精馏过程的稳定操作

① 在进料条件和工艺分离要求确定后，要严格维持塔内的总物料平衡和组分物料平衡，即要满足

$$F=W+D \tag{2}$$

$$Fx_{Fi}=Dx_{Di}+Wx_{Wi} \tag{3}$$

当总物料不平衡时，若进料量大于出料量，会引起淹塔；相反，若出料量大于进料量，则会导致塔釜干料，最终都将破坏精馏塔的正常操作。

由式(2) 和（3）得

$$\frac{D}{F}=\frac{x_{Fi}-x_{Wi}}{x_{Di}-x_{Wi}} \tag{4}$$

$$\frac{W}{F}=1-\frac{D}{F} \tag{5}$$

D/F、W/F 分别称为塔顶、塔底的采出率。

显然，在进料量 F、进料组成 x_{Fi} 以及产品分离要求 x_{Di}、x_{Wi} 一定的情况下，塔顶和塔底的采出率要受到物料衡算的制约。换句话说，在进料条件一定时，采出率的变化将直接影响塔顶和塔底产品的组成。如果采出率控制不适当，即使再增大回流比或增加塔板数，也不能保证同时获得合格的塔顶产品和塔底产品。

② 回流比是精馏过程重要的设计和操作参数之一。在塔板数一定的情况下，要保持足够的回流比或回流量，才能保证精馏分离的效果。回流比的大小可根据理论计算或直接通过实验测定加以确定。

(2) 精馏塔操作过程中的流体力学现象

在精馏塔操作过程中，塔内要维持正常的汽液负荷，避免发生以下的不正常操作状况。

① 严重的液沫夹带现象　在操作过程中，塔板上的部分液体被上升的气流夹带至上层塔板，这种现象称为液沫夹带。液沫夹带是一种与液体主流方向相反的流动，属返混现象。在一般情况下，液沫夹带会导致塔板效率降低，严重时会发生夹带液泛，破坏塔的正常操作。一般认为液沫夹带率小于10%属于正常。操作气（汽）速过大是导致过量液沫夹带的主要原因。

② 严重的漏液现象　在正常操作范围内，液相和汽相在塔板上呈错流接触，但是，当操作气（汽）速过小时，部分液体会从塔板开孔处直接漏下，这种漏液现象对精馏过程是不利的，它使汽、液两相不能充分接触。漏液严重时，将使塔板上不能积液而不能正常操作。

③ 溢流液泛　由于降液管通过能力的限制，当汽液负荷增大到一定程度，或塔内某塔板的降液管有堵塞现象时，降液管内的清液层高度将增加，当降液管液面升至溢流堰板上沿时，降液管内的液体流量为其极限流量，若液体流量超过此极限值，塔板上开始积液，最终会使全塔充满液体，引起溢流液泛，破坏塔的正常操作。

④ 塔板压降及塔釜压力　塔板压降是精馏塔一个重要的操作控制参数，它反映了塔内汽液两相的流体力学状况。一般，以塔釜压力 p_B 来表示塔内各板的综合压降

$$p_B = p_T + \sum \Delta p_i \tag{6}$$

式中，p_T——塔顶压力；Δp_i——塔板压降。

当塔内发生严重雾沫夹带时，p_B 将增大。若 p_B 急剧上升，则表明塔内可能已发生液泛；如果 p_B 过小，则表明塔内已发生严重漏液。通常情况下，设计完善的精馏塔应有适当的操作压降范围。

(3) 精馏塔操作过程的调节

操作条件的变化或外界的扰动，会引起精馏塔操作的不稳定。在操作过程中必须及时予以调节，否则将影响分离效果，使产品质量不合格。

① 塔顶采出率 D/F 过大所引发的现象及调节方法　前已指出，当进料条件和分离要求已经确定后，在正常情况下，塔顶和塔底采出率的大小要受到全塔物料平衡的制约，不能随意规定。在操作过程中，如果塔顶采出率 D/F 过大，则 $Dx_{Di} > Fx_{Fi} - Wx_{Wi}$，($i$ 为轻组分)。随着过程的进行，塔内轻组分将大量从塔顶馏出，塔内各板上的轻组分的浓度将逐渐降低，重组分则逐渐积累，浓度不断增大。最终导致塔顶产品浓度不断降低，产品质量不合格。

由于采出率的变化所引起的现象可以根据塔内的温度分布来分析判断。当操作压力一定时，塔内各板的汽、液相组成与温度存在着对应关系。若 D/F 过大，随着轻组分的大量流失，塔内各板上重组分的浓度逐渐增大，因而各板的温度也随之升高。由于塔釜中物料绝大

部分为重组分，因而塔釜温度没有塔顶温度升高的明显。

对于 D/F 过大所造成的不正常现象，在操作过程中应及时发现并采取有效的调节措施予以纠正。通常的调节方法是：保持塔底加热负荷不变，增大进料量和塔底出料量，减小塔顶采出量，使得精馏塔在 $Dx_{Di}<Fx_{Fi}-Wx_{Wi}$ 的条件下操作一段时间，以迅速弥补塔内的轻组分量，使之尽快达到正常的浓度分布。待塔顶温度迅速下降至正常值时，再将进料量和塔顶、塔底出料量调节至正常操作数值。

② 塔底采出率 W/F 过大所引发的现象及调节方法　塔底采出率 W/F 过大所引发的现象和产生的后果恰与 D/F 过大的情况相反。由于重组分大量从塔底流出，塔内各板上的重组分浓度逐渐减小，轻组分逐渐积累，最终使得塔釜液体中轻组分的浓度逐渐升高。如果精馏的目标产品是塔底液体，那么这种不正常现象的结果将导致产品不合格；如果目标产品是塔顶馏出物，则由于 W/F 过大，将有较多的产品从塔底流失。

由于 W/F 过大使塔内的重组分大量流失，塔内各板的温度会随之降低，但塔顶温度变化较小，塔底温度将有明显下降。

对于 W/F 过大的情况的调节方法是：增大塔釜加热负荷，同时加大塔顶采出量（回流量不变），使过程在 $Dx_{Di}>Fx_{Fi}-Wx_{Wi}$ 的条件下操作。同时，亦可视具体的情况适当减少进料量和塔底采出量。待塔底温升至正常值时，再调节各有关参数，使过程在 $Dx_{Di}=Fx_{Fi}-Wx_{Wi}$ 的正常情况下操作。

③ 进料条件变化所引发的现象及调节方法　在工业过程中，精馏塔的进料条件，包括进料量、进料组成、进料温度等，将会由于前段工序的影响而有所变化。如果过程中存在循环物流，那么后段工序的操作变化也将影响精馏塔的稳定操作。

生产过程中进料量的变化可在流量指示仪表上直接反映出来。如果进料量的变化仅仅是由于外界条件的波动而引起的，适当调节进料控制阀门即可恢复正常操作。如果是由于生产需要而改变进料量，则就要相应地改变塔顶、塔底的采出量，并调整塔底加热负荷（和塔顶冷凝负荷）。

如果由于操作上的疏忽，进料量已经发生变化，而操作条件未做相应的调整，使得过程在全塔物料不平衡的情况下操作，其结果必然使塔顶或塔底产品不合格。此时应根据塔顶或塔底温度的变化，参照上述①和②的分析和处理方法，及时调节有关参数，使操作处于正常。

对于进料组成的变化，工业上一般采用离线分析的方法检测，因而不如进料量变化那样容易被及时发觉。当在操作数据上有反映时，往往有所滞后，因此，如何能及时发觉并及时处理是工业过程中经常需要解决的问题。

当进料中轻组分增加后，塔中各板上浓度和温度的变化同塔底采出率 W/F 过大的情况相似，而进料中重组分增加后塔内温度和浓度的变化情况则同塔顶采出率 D/F 过大的情况相似。这时，除了要相应调整塔底或塔顶的采出率外，还要适当减少或增大回流比，并视具体情况，调整进料的位置，合理地分配精馏段与提馏段的塔板数。

进料温度的变化对精馏分离效果也有一定的影响，可通过调节塔底加热负荷和塔顶冷凝负荷使得操作正常。

④ 分离能力不够所引发的现象及调节方法　对于一座设计完善的精馏塔，所谓分离能力不够是指在操作中回流比过小而导致产品的不合格。其表现为塔顶温度升高，塔底温度降低，塔顶和塔底产品均不符合要求。

采取的措施通常是通过加大回流比来调节。但应注意的是，在进料量和进料组成一定时，若规定了塔顶、塔底产品的组成，则塔顶和塔底产品的流量亦被确定。因此，加大回流比并不意味着塔顶产品流量的减少，加大回流比只能是增加塔内的上升蒸汽量，即增大塔底的加热负荷及塔顶的冷凝量，这是要以操作成本的增加为代价的。

此外，随着回流比的增大，塔内汽液负荷也增加，若塔内上升蒸汽量超过塔内汽体的最大容许负荷，会发生严重的雾沫夹带；液体流量超过其最大容许负荷造成降液管液泛。因此，操作中不能盲目增加回流比。

（4）精馏塔内的温度分布与温度灵敏板

在以上的操作分析中已经看到，当操作压力一定，塔顶、塔底产品组成和塔内各板上的汽液相组成与板上温度存在一定的对应关系。操作过程中塔顶、塔底产品的组成变化情况可通过相应的温度反映出来。通常情况下，精馏塔内各板的温度并不是线性分布，而是呈“S”形分布。在塔内某些塔板之间，板上温度差别较大，当因操作不当或分离能力不够导致塔板上组成发生变化时，这些板上的温度将发生明显改变。因此，工程上把这些塔板称为温度灵敏板。在操作过程中，通过灵敏板温度的早期变化，可以预测塔顶和塔底产品组成的变化趋势，从而可以及早采取有效的调节措施，纠正不正常的操作，保证产品质量。如图1所示，由于回流比过小，因而分离能力不够所造成的温度分布变化情况与因塔顶采出率不当所引起的温度分布情况有明显不同。可以看出，两种不同的操作均导致灵敏板温度上升，但后者是突跃式的，灵敏板温度变化非常明显，而前者则是缓慢式的。据此，可以判别操作中产品不合格的原因，并采取相应的调节措施。

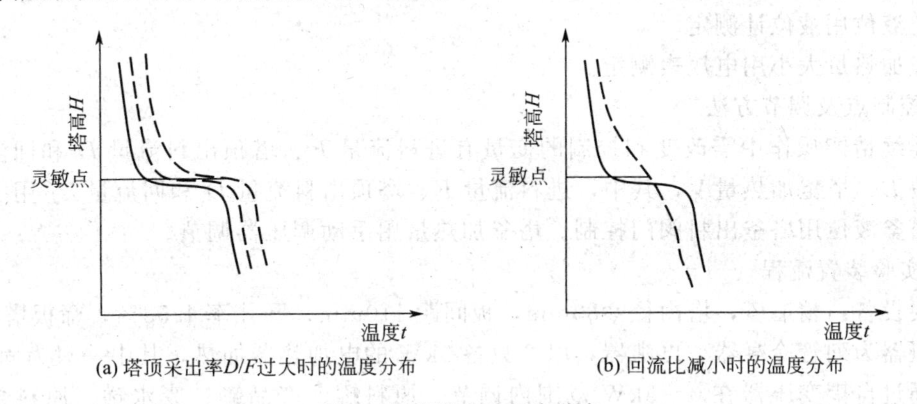

图1 精馏塔内的温度分布

四、实验设计

1. 实验方案

（1）全塔效率的测定

选用乙醇-水系统作为实验物系，操作压力为常压。在塔釜（底）内预先配制乙醇浓度约为20%（体积分数）的料液，使精馏塔在全回流的条件下操作，待操作状态稳定后，同时测取塔顶回流液和釜液的浓度 x_D、x_W，利用作图法求得全塔理论板数，最后，根据式（1）得出全塔效率。

（2）连续精馏过程操作及分析

配制乙醇浓度为15%～20%（体积分数）的原料液，根据分离要求，预先估算出塔顶、塔底的采出率（或流量）和操作回流比大小。先让精馏塔在全回流的状态下操作，达到稳定状态后，再根据进料量的大小，调整塔顶、塔底的出料量，回流比以及塔釜加热量等操作参数，使精馏过程在连续、稳定的状态下进行。在操作过程中，密切观察塔釜液位、塔釜压力和灵敏板温度的变化以及塔板上汽液两相的流动状况，随时调整各有关参数，最终获得合格产品（塔顶、塔底同时合格）。

操作回流比的确定，可根据 Gilliland 捷算法估算出最小回流比 R_{min}，然后按照下式求得

$$R=(1.2\sim2)R_{min}$$

对于乙醇-水系统，由于相平衡线存在拐点，其最小回流比 R_{min}可根据作图的方法求得。

2. 主要数据检测点及检测仪表

在全塔效率测定实验中，仅需测定塔顶产品（乙醇）浓度 x_D 和塔釜浓度 x_W。x_D 用气相色谱分析仪分析，x_W 可用乙醇比重计测定。

在部分回流连续精馏操作实验中，需要测定的参数有进料流量 F、进料浓度 x_F、塔顶出料流量 D、塔顶产品浓度 x_D、回流量 L_D、塔釜液位 L、塔釜物料浓度 x_W、塔釜加热量（加热电压）V、塔顶温度 T_T、灵敏板温度 T_S、塔釜温度 T_B、塔釜压力 p_B 等。

根据以上分析设置所需的检测点，并选配相应的检测仪表。

进料流量 F、塔顶出料流量 D 和回流量 L_D 用转子流量计计量。

进料浓度 x_F 和釜液浓度 x_W 用比重计测定，塔顶产品浓度 x_D 用气相色谱仪测定或乙醇比重计测定。

塔顶温度 T_T、塔釜温度 T_B 和灵敏板温度 T_S 用铂电阻温度计配数显仪表测定。

塔釜压力 p_B 用压力表测定。

塔釜液位用液位计测定。

塔釜加热量大小用电压表测定。

3. 控制点及调节方法

在连续精馏操作中需改变和控制的变量有进料流量 F、塔顶出料流量 D 和回流量 L_D、塔釜液位 L、塔釜加热量 V，其中，进料流量 F、塔顶出料流量 D 和回流量 L_D 用手动阀门调节。塔釜液位用塔釜出料阀门控制。塔釜加热量用手动调压器调节。

4. 实验装置流程

主要设备：精馏塔，塔内径 Φ80mm，板间距 110mm，开孔率 4.53%，筛板塔板数 15。塔顶冷凝器为列管冷凝器。再沸器，以 2 只各 3kW 的电加热器加热，其中一只为固定加热，另一只通过自耦变压器在 0～3kW 范围内调节。原料罐、产品罐、废水罐。原料泵、回流泵。转子流量计。气相色谱仪、乙醇比重计等。

实验装置流程如图 2 所示。

五、实验操作要点

实验装置设计有手动操作（图 2 中显示为“手”）和计算机在线仪表控制操作（图 2 中显示为“仪”）两种模式，以下主要介绍手动操作模式。需要了解仪表控制操作系统，请与华东理工大学化工原理实验教学中心联系。

1. 实验准备阶段

（1）检查原料罐原料是否充足、塔釜再沸器的初始液位是否过低。

（2）检查塔釜流出管路的出口阀门，应处于关闭状态；塔顶馏出液管路阀门，应处于关闭状态。

（3）打开冷凝水总阀门；打开各装置塔顶冷凝器阀门，并调至适当开度。

（4）打开塔釜再沸器加热器开关（开始时开通恒定加热器，可调加热器至适当开度）。

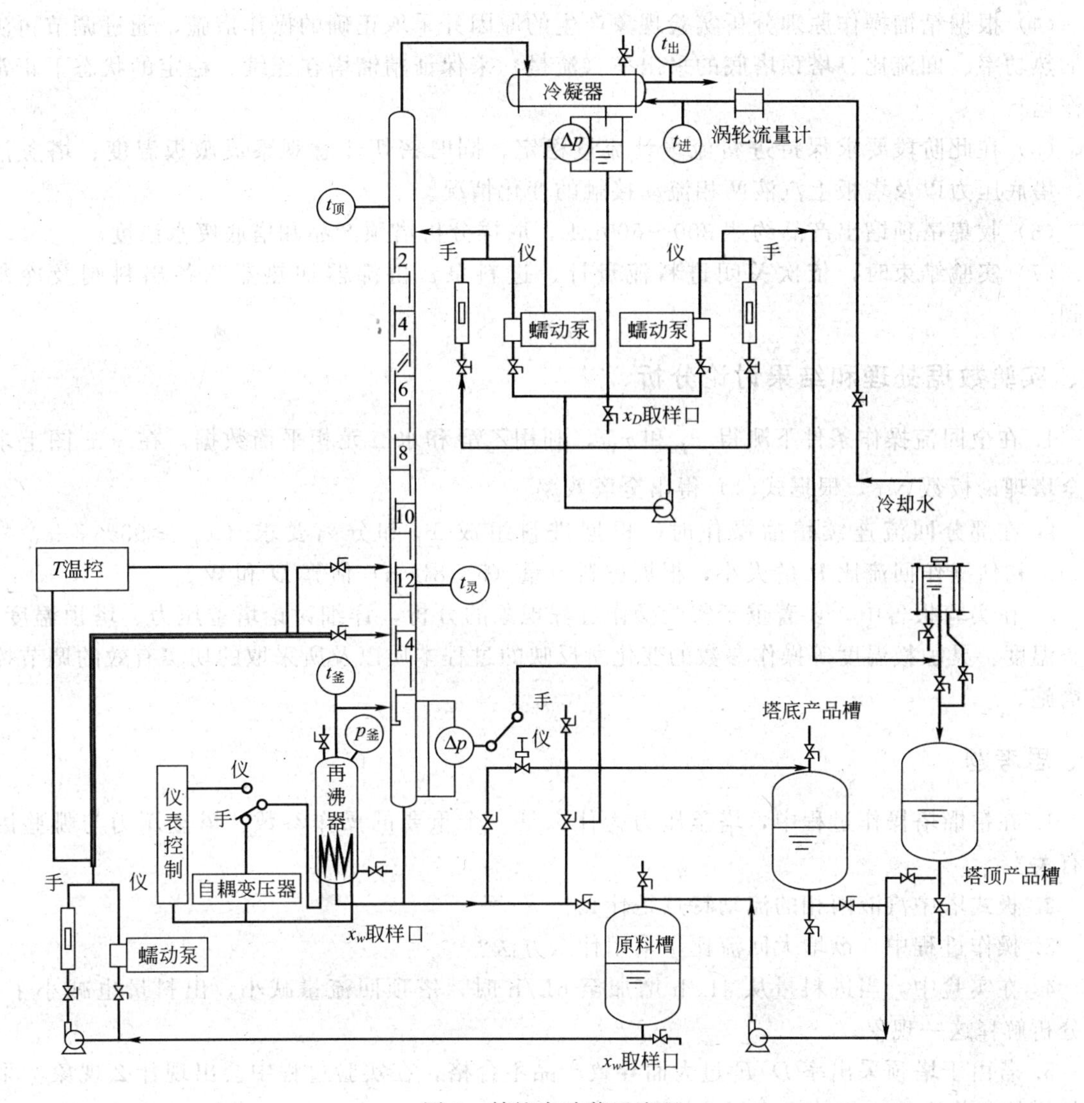

图2 精馏实验装置流程

2. 全回流实验阶段

(1) 待塔釜液沸腾，塔顶回流罐积存一定液层后，启动回流泵，并调节回流流量计使回流罐液层高度保持恒定。

(2) 根据塔釜压力变化或通过塔体视镜观察塔板上的漏液或雾沫夹带情况，适当调节塔釜加热功率，使塔板上汽液两相保持正常流体力学状态。

(3) 待精馏塔稳定操作15～20min后，可通过取样口分别采取塔顶回流液样品和塔釜液体样品。用色谱仪分析塔顶回流液样品组成，用比重计分析塔釜液体样品组成。

3. 部分回流连续精馏实验阶段

(1) 启动原料进料泵，通过进料流量计调节进料流量（建议流量范围在5～8L/h之间）。

(2) 打开塔顶馏出液流量计调节塔顶产品流量，塔顶产品送至产品罐。

(3) 记录塔釜液位高度，液位过高时打开塔釜出料阀门至适当开度，使废水由塔底流出至废水罐，关闭阀门，保持液位基本恒定。

(4) 根据精馏操作原理分析实验现象产生的原因并采取正确的操作措施，通过调节再沸器加热功率、回流比、塔顶塔底的采出率（流量）来保证精馏塔在连续、稳定的状态下正常操作运行。

(5) 在此阶段要求保持进料流量计流量稳定，同时密切注意观察灵敏板温度、塔釜液位、塔底压力以及塔板上汽液两相流动接触的变化情况。

(6) 收集塔顶馏出产品约达 300～500mL，取样分析塔顶产品和塔底废水浓度。

(7) 实验结束时，依次关闭进料流量计、进料泵、再沸器加热器和各出料阀及冷却水阀。

六、实验数据处理和结果讨论分析

1. 在全回流操作条件下测得 x_D 和 x_W，利用乙醇和水二元相平衡数据，在 y-x 图上求得全塔理论板数 N_T，根据式(1) 得出全塔效率。

2. 在部分回流连续精馏操作时，根据进料组成 x_F 和分离要求（$x_D \geqslant 93\%$，$x_W \leqslant 3\%$）。初估操作回流比 R 的大小，根据进料流量（5～8L/h）估算 D 和 W。

3. 在实验报告中，要着重于实验操作过程现象的分析，详细讨论塔釜压力、塔顶温度、塔釜温度、灵敏板温度等操作参数的变化所反映的过程本质以及所采取的切实有效的调节控制措施。

七、思考题

1. 在精馏塔操作过程中，塔釜压力为什么是一个重要的操作参数？塔釜压力与哪些因素有关？

2. 板式塔中汽液两相的流动特点是什么？

3. 操作过程中，欲增大回流比，采用什么方法？

4. 在实验中，当进料量从 4L/h 增加至 6L/h 时，塔顶回流量减小，出料量也减小了，试分析解释这一现象。

5. 若由于塔顶采出率 D/F 过大而导致产品不合格，在实验过程中会出现什么现象？采取怎样的调节措施才能使操作尽快恢复正常？

6. 如何根据灵敏板温度 T_S 和塔釜压力 p_B 的变化正确地进行精馏操作？

安全小贴士：再沸器温度高，当心烫伤；乙醇为中闪点易燃液体，具体安全措施查阅 MSDS。

实验 7 萃取塔的操作与萃取传质单元高度测定实验

一、实验目的

1. 了解液-液萃取设备的一般结构和特点。

2. 掌握液-液萃取塔的操作方法。

3. 学习和掌握液-液萃取塔传质单元高度的测定原理和方法；分析外加能量对液-液萃取塔传质单元高度及通量的影响。

二、实验内容

以水为萃取剂，萃取煤油中的苯甲酸，选用相比（萃取剂与原料液质量流量之比）为1∶1。

1. 以煤油为分散相，水为连续相，进行萃取过程的操作。
2. 测定往复振动筛板塔在不同振动频率下的传质单元高度。
3. 在最佳效率下，测定装置的最大通量或液泛速率。

三、基本原理

1. 液-液萃取过程和设备的特点

液-液传质过程和气（汽）-液传质过程均属于相际传质过程，这两类传质过程既有相似之处，又有明显差别。在液-液系统中，两相间的密度差较小，界面张力也不大，所以从过程进行的流体力学条件看，在液液接触过程中，能用于强化过程的惯性力不大，同时，已分散的两相分层分离能力也不高。因此，对于气（汽）-液相分离效率较高的设备，用于液-液传质就显得效率不高。为了提高液-液传质设备的效率，常常需要采用搅拌、脉动、振动等措施来补加能量。为使两相分离，需要分层段，以保证有足够的停留时间，让分散的液相凝聚。

2. 液-液萃取塔的操作

（1）分散相的选择

在萃取过程中，为了使两相密切接触，其中一相充满设备中的主要空间，并呈连续流动，称为连续相；另一相以液滴的形式分散在连续相中，称为分散相。确定哪一相作为分散相，这对设备的操作性能和传质效率会有显著影响。分散相的选择可通过实验室实验或工业中试确定，也可根据以下原则考虑。

① 为了增加相际接触面积，一般可将流量大的一相作为分散相；但如果两相的流量相差很大，且选用的设备具有较大的轴向返混现象，则应将流量较小的一相作为分离相，以减小轴向返混。

② 应充分考虑界面张力变化对传质面积的影响，对于正系统，即系统的界面张力随溶质浓度的增加而增大的系统$\left(\frac{d\sigma}{dx}>0\right)$，当溶质从液滴向连续相传递时，液滴的稳定性较差，容易破碎，而液膜的稳定性较好，液滴不易合并，所以形成的液滴平均直径较小，相际传质面积较大；当溶质从连续相向液滴传递时，情况刚好相反。设计液-液传质设备或确定操作工艺时，根据系统性质正确选择作为分散相的液体，可在同样条件下获得较大的相际传质面积，从而强化过程的传质。

③ 对于某些萃取设备，如填料塔和筛板塔等，连续相优先润湿填料或筛板是相当重要的。此时，宜将不易润湿填料或塔板的一相作为分散相。

④ 分散相液滴在连续相中的相对沉降速度，与连续相的黏度有很大关系。为了减小塔径，提高两相分离的效果，应将黏度大的一相作为分散相。

⑤ 从成本和安全考虑，应将成本高的、易燃、易爆的物料作为分散相。

（2）液滴的分散

液滴的尺寸大小，不仅关系到相际传质面积，而且影响传质系数和萃取塔的通量。在将分散相液体分散为液滴时，必须要充分考虑到这两方面的因素。

萃取塔内的相际接触传质面积取决于塔内分散相的滞液率和液滴尺寸两个因素，它们之间有如下关系

$$a=\frac{6\varphi_{d}}{d_{p}} \tag{1}$$

式中，a——萃取塔内单位体积液体所具有的相际接触传质面积，m^2/m^3；φ_d——分散相的滞液率；d_p——液滴平均直径，m。

可见，相际接触传质面积与液滴直径成反比，液滴尺寸越小，相际接触传质面积越大，传质效率越高。

根据双膜理论，萃取过程的传质系数（K_G）可表示为

$$K_G=\frac{1}{\frac{1}{k_c}+\frac{k_A}{k_d}} \tag{2}$$

式中，k_c——滴外传质分系数；k_d——滴内传质分系数；k_A——溶质的相分配系数。

通常，由于两相的密度差小，两相的相对运动速度也就较小，因而液滴的滴外和滴内传质分系数也不大。

在萃取塔内，由于液滴与连续相液体的相对运动，界面上的摩擦力（曳力）会诱导液滴内产生环流，而滴内环流的存在能显著地提高滴内传质分系数。此外，由于连续相的湍动，导致液滴表面张力和溶质浓度发生不规则的变化，当运动方向相反的流体质点在液滴表面上碰撞时，会引发界面骚动现象，这种现象能增强两相在液滴表面附近的湍动程度，减小传质阻力，提高滴外传质分系数。

一般情况下，液滴内的环流和界面骚动现象都与液滴直径大小有密切关系。较小的液滴，固然相际接触面积较大，有利于传质；但当液滴尺寸过小时，其滴内循环消失，液滴的行为趋于固体球，从而使传质分系数下降，对传质不利。

另外，萃取塔内所允许的连续相极限速度（即液泛速度）与液滴的运动速度有关，而液滴的运动速度又与液滴的尺寸有关。一般，较大的液滴，塔的泛点速度也较高，萃取塔允许的通量较大；相反，液滴较小，塔的泛点速度较低，萃取塔允许的通量也较小。

液滴的分散可以通过以下途径实现。

① 借助于喷嘴或孔板，如筛孔塔。

② 借助于塔内的填料，如各种填料塔。

③ 借助于外加能量，如转盘塔、振动塔、脉动塔、离心萃取器等。液滴的尺寸除与物性有关外，主要取决于外加能量的大小。

（3）外加能量

在液-液传质分离过程中引入外加能量，能促进液体分散，改善两相流动的接触状况，这有利于过程传质，从而提高传质效率，降低萃取设备的高度。但也要注意，若外加能量过大，将使设备内两相液体的轴向返混加剧，使过程传质推动力减小，从而使传质效率降低。此外，液滴分散过度，尺寸过小，其滴内循环将消失，也将影响传质效率。因此，在确定外加能量时，应充分考虑利弊两方面的因素。对于具体的萃取过程，一般应通过实验确定适当的输入能量。

（4）萃取塔的液泛

在连续逆流萃取操作中，萃取塔的通量（即单位时间内的通过量）取决于连续相的流速，其上限为最小的分散相液滴处于相对静止状态时的连续相速度。这一速度即称为萃取塔的液泛速度。在达到该流速时，萃取塔刚好处于液泛点。在工业生产和实验研究中，萃取塔均应在低

于液泛速度的条件下操作。通常，可靠的液泛数据是在中试设备中用实际物料实验测得。

（5）萃取塔的操作

萃取塔在开车时，应首先在塔中注满连续相液体，然后开启分散相阀门，使两相液体在塔中接触传质，分散相液滴必须凝聚后才能自塔内排出。因此，当轻相作为分散相时，应使分散相在塔顶分层段凝聚，在两相界面维持适当高度后，再开启分散相出口阀门，使轻相液体从塔内排出。同时，依靠重相出口的Ⅱ形管自动调节界面高度。当重相作为分散相时，则分散相液滴在塔底的分层段凝聚，两相界面应维持在塔底分层段的某一位置上。

3. 萃取塔传质单元高度

与精馏、吸收等气（汽）液传质过程类似，在萃取过程的设计计算中，一般将所需的塔板数或塔的传质高度分别用理论级（板）与板效率或传质单元数与传质单元高度来表示，对于转盘塔、振动塔、填料塔等微分接触的传质设备，通常多采用传质单元数与传质单元高度来计算

$$H=H_{od}N_{od}=H_{oc}N_{oc} \tag{3}$$

其中

$$H_{od}=\frac{G_d}{K_{da}A},\quad H_{oc}=\frac{G_c}{K_{ca}A} \tag{4}$$

$$N_{od}=\int_{x_2}^{x_1}\frac{dx}{x-x^*},\quad N_{oc}=\int_{y_2}^{y_1}\frac{dy}{y^*-y} \tag{5}$$

式中，H——萃取塔的有效传质高度，m；H_{od}，H_{oc}——以分散相和连续相为基准的传质单元高度，m；N_{od}，N_{oc}——以分散相和连续相为基准的传质单元数；K_{da}——以分散相为基准的体积传质系数，kg/(m^3·s)；K_{ca}——以连续相为基准的体积传质系数，kg/(m^3·s)；G_d，G_c——分散相中和连续相中稀释剂的质量流量，kg·s；x_1、x_2——分散相进、出萃取塔的质量比浓度，kg/kg；y_1、y_2——连续相进、出萃取塔的质量比浓度，kg/kg；x^*——与连续相浓度 y 呈平衡的分散相浓度，kg/kg；y^*——与分散相浓度 x 呈平衡的连续相浓度，kg/kg；A——设备流动截面积，m^2。

对于稀溶液，N_{od}或N_{oc}可用对数平均推动力法计算

$$N_{od}=(x_1-x_2)/\Delta x_m,\quad N_{oc}=(y_2-y_1)/\Delta y_m \tag{6}$$

$$\Delta x_m=\frac{(x_1-x_1^*)-(x_2-x_2^*)}{\ln\dfrac{x_1-x_1^*}{x_2-x_2^*}},\quad \Delta y_m=\frac{(y_1-y_1^*)-(y_2-y_2^*)}{\ln\dfrac{y_1-y_1^*}{y_2-y_2^*}} \tag{7}$$

物系的相平衡关系可近似用直线关系来表示

$$y^*=Kx,\quad x^*=\frac{y}{K} \tag{8}$$

其中 K 为相平衡常数。

y 与 x 间的关系可由系统的物料衡算方程确定

$$G_d(x_1-x_2)=G_c(y_1-y_2) \tag{9}$$

H_{od}、N_{od}或H_{oc}、N_{oc}是萃取设计中两个重要的参数。其中，N_{od}或N_{oc}是表示工艺上分离难易程度的参数，N_{od}或N_{oc}大，说明物系难分离，需要较多的塔板数或较高的萃取传质高度才行；H_{od}或H_{oc}是表示萃取设备传质性能优劣的参数，主要反映了设备结构、两相的物性、操作因素以及受外加能量大小的影响。

N_{od}或N_{oc}可以方便地通过实验测定分散相和连续相的进、出口浓度而求得，H_{od}或H_{oc}则可按照实验萃取塔的有效传质高度用下式计算

$$H_{od}=\frac{H}{N_{od}},\quad H_{oc}=\frac{H}{N_{oc}} \tag{10}$$

四、实验设计

1. 实验方案

实验中用水作萃取剂萃取煤油中的苯甲酸，操作相比（质量比）为1∶1。在实验条件下，相平衡关系为

$$y=2.2x$$

实验中，通过改变振动塔的直流电机电压V（或振动频率f）来调节外加能量的大小，测取一系列相应的分散相（油相）中苯甲酸的含量，并通过物料衡算求得连续相（水相）的出口浓度y_1，即可由式(6)和（10）计算得到一系列的N_{od}和H_{od}。最后，将相应的H_{od}对f作图，就得到H_{od}与外加能量之间的关系。

2. 数据检测点与检测方法

根据实验基本原理和实验方案可知，需要测定的原始数据有：连续相（水）流量G_c，分散相（煤油）流量G_d，直流电压V（或塔的振动频率f），分散相的进出口浓度x_1和x_2，此外，还有萃取塔有效传质高度H等设备参数。据此，在实验装置的设计时，应安排一系列的检测点并配置相应的检测仪表或采用适当的分析方法。

G_c和G_d分别用转子流量计计量。V用直流电压表显示。分散相x_1和x_2采用酸碱中和滴定法，用NaOH标准溶液标定，分析方法如下。

① 收集约100mL的分散相液体（出口或进口）样品；

② 用移液管移取25mL样品置于锥形瓶中，添加同样体积的去离子水，滴加3～4滴酚酞指示剂，轻轻摇匀；

③ 用标准NaOH溶液滴定至终点，达到终点时水相溶液呈淡粉红色，记录滴定管的初始和终止液位读数；

④ 如此重复共分析3次，用平均的NaOH消耗量计算溶质的浓度。计算公式如下

$$N_{苯甲酸}=N_{OH}V_{OH}/V_{油}$$

$$x=N_{苯甲酸}M_{苯甲酸}/\rho_{油}$$

式中，N_{OH}——NaOH标准溶液的当量浓度，mol/mL；V_{OH}——分析消耗的NaOH溶液的平均体积，mL；$V_{油}$——分散相（煤油）试样体积，$V_{油}=25$mL；$\rho_{油}$——分散相（煤油）密度，$\rho_{油}=800\text{kg/m}^3$；$M_{苯甲酸}$——溶质（苯甲酸）的分子量，$M_{苯甲酸}=122.24$；$N_{苯甲酸}$——分析试样中溶质的克当量数，gmol；$x$——分散相中溶质的质量浓度。

原始数据记录表格式如表1所示。

表1 液-液萃取塔传质单元高度测定实验原始数据记录表

实验装置号：No.________；连续相流量G_c________/(L/h)；分散相流量G_d________/(L/h)；

萃取塔有效传质高度H________/m；振幅________/mm

No.	频率 f/(r/min)	分析x_1所消耗的NaOH标准溶液/mL				分析x_2所消耗的NaOH标准溶液/mL			
		1	2	3	平均	1	2	3	平均
1 2 3 …									

3. 控制点及调节手段

实验过程中须控制的操作变量有：振动频率 f，连续相和分散相的流量 G_c 和 G_d，分层段的界面高度 H_1。

f 用手动调节器调节。G_c 和 G_d 用转子流量计（阀门）控制。分层段的界面高度采用 Π 形管调节阀调节。

4. 实验装置和流程

主要设备和仪表：振动式萃取塔（塔径 50mm；板间距 40mm；塔板数 24，塔高 1000mm）；直流电流和凸轮传动机构；电机转速（频率）调节器；转子流量计；Π 形管；自来水（相）高位槽、煤油（轻相）高位槽；萃余相（煤油）储槽；化学中和滴定仪器。

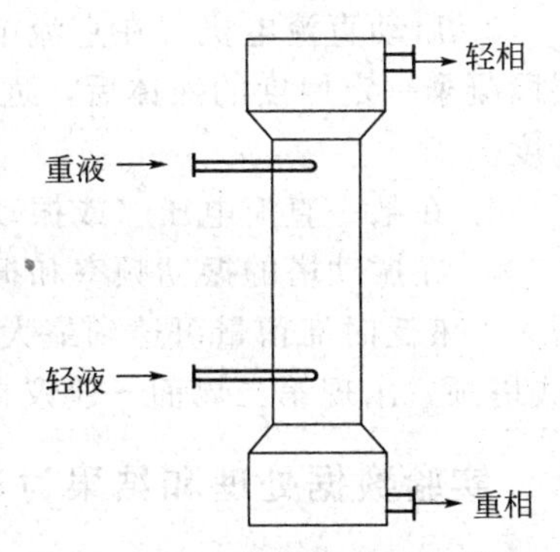

图 1　振动式萃取塔结构示意

本实验中的主要设备为振动式萃取塔，又称为往复式振动筛板塔，这是一种效率比较高的液-液传质设备，其基本结构如图 1 所示。

振动塔上下两端各有一沉降室，即分层段。为了使分散相在沉降室停留一定时间，通常做成扩大形状。萃取传质段有一系列的筛板固定在中心轴上，中心轴由塔顶外的曲柄连杆机构以一定的频率和振幅带动筛板作上下往复运动，当筛板向上运动时，筛板上侧的液体通过筛孔向下喷射；当筛板向下运动时，筛板下侧的液体通过筛孔向上喷射。使两相液体处于高度湍流状态，使分散相液滴不断分散，两相液体在塔内逆流接触传质。

实验装置的流程图如图 2 所示。

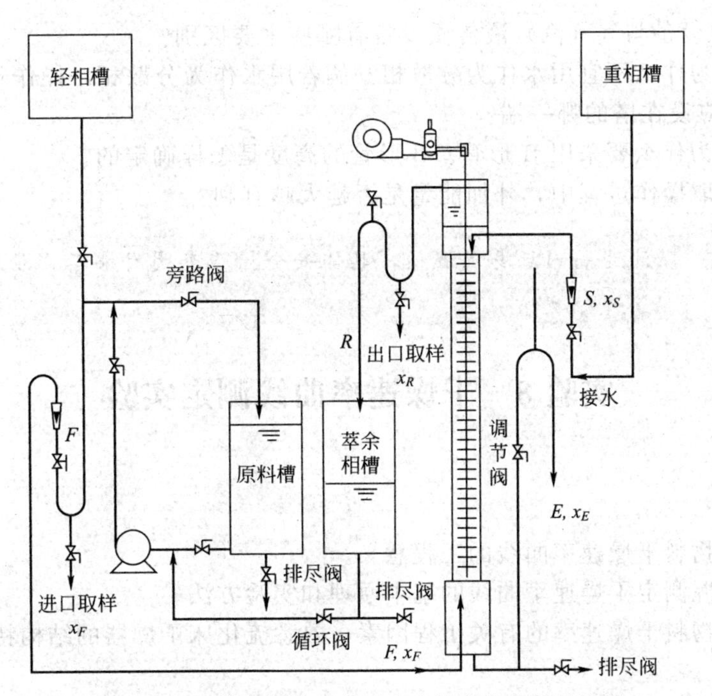

图 2　液-液萃取塔传质单元高度测定实验装置流程

五、实验操作要点

1. 在原料槽中按照每20kg煤油加入约10g苯甲酸的比例配制煤油原料。通过旁路阀用泵打循环，待苯甲酸完全溶解后，再泵送至轻相高位槽。

2. 开启连续相（水）的转子流量计（阀门）向塔中灌水，待萃取塔灌满水后，再开启分散相（煤油）的转子流量计，并按照相比1∶1的要求将两相的流量计读数调节至适当刻度。建议的连续相流量为6L/h。

3. 启动直流电机，在直流电压0～200V的范围内适当分布实验点；待分散相在塔顶分层段凝聚一定厚度的液体后，通过连续相出口Ⅱ形管上的调节阀，将两相界面调节至适当高度。

4. 在某一直流电压（或振动频率）下，待系统稳定约20min，取样分析x_1和x_2。

5. 在振动塔的振动频率和振幅一定时，若增大两相流量，塔内分散相的滞留量也随之增大，液泛时滞留量可达到最大值。此时可观察到分散相不断合并，最终导致转相，在塔底（或塔顶）出现第二界面。建议在实验数据测定结束后，通过实验观察这一现象。

六、实验数据处理和结果讨论分析

1. 确定相比（质量比）时，由于煤油和水的密度不同，要对煤油的转子流量计读数进行校正。

2. 在直角坐标纸上作出H_{od}～f的曲线图。

3. 讨论随f的不同，H_{od}的变化趋势，并结合传质理论作出分析。

4. 还有哪些因素对H_{od}有影响？定性讨论一下这些因素如何对H_{od}产生影响。

七、思考题

1. 液-液萃取设备与气（汽）液传质设备有哪些主要区别？

2. 本实验中为什么不宜用水作为分散相？倘若用水作为分散相，操作步骤又是怎样的？两相分层分离段应设在塔的哪一端？

3. 重相出口为什么要采用Ⅱ形管？Ⅱ形管的高度是怎样确定的？

4. 在液液萃取操作过程中，外加能量是否越大越有利？

安全小贴士：煤油为高闪点易燃液体，具体安全措施查阅附录二“涉用化学品安全信息说明”。

实验8 干燥速率曲线测定实验

一、实验目的

1. 了解测定物料干燥速率曲线的工程意义。

2. 学习和掌握测定干燥速率曲线的基本原理和实验方法。

3. 了解影响物料干燥速率的有关工程因素，熟悉流化床干燥器的结构特点及操作方法。

二、实验内容

1. 在一定干燥条件下测定硅胶颗粒的干燥速率曲线。

2. 测定气体通过干燥器的压降。

三、基本原理

干燥是指采用某种方式将热量传给湿物料，使其中的湿分（水或有机溶剂）汽化分离的单元操作，在化工、轻工及农、林、渔业产品的加工等领域有广泛的应用。

干燥过程不仅涉及气、固两相之间的传热和传质，而且涉及湿分以气态或液态的形式自物料内部向表面传质的机理。由于物料的含水性质和物料的形状及内部结构不同，干燥过程速率要受到物料性质、含水量、含水性质、热介质性质和设备类型等各种因素的影响。目前，尚无成熟的理论方法来计算干燥速率，工程上仍多需依赖于实验解决干燥问题。

物料的含水量，一般多用相对于湿物料总量的水分含量（即以湿物料为基准的含水率）w(kg 水分/kg 湿物料）来表示，但干燥时物料总量不断发生变化，所以，采用以干物料为基准的含水率 X_t(kg 水分/kg 干物料）来表示物料的含水量较为方便。w 和 X_t 之间有如下关系

$$X_t=\frac{w}{1-w} \tag{1}$$

$$w=\frac{X_t}{1+X_t} \tag{2}$$

在干燥过程的设计和操作时，干燥速率是一个非常重要的参数。例如在干燥设备的设计或选型时，通常规定干燥时间和干燥工艺要求，需要确定干燥器的类型和干燥面积；或者在干燥操作时，设备的类型及干燥器的面积已定，规定工艺要求，确定所需干燥时间。这都需要知道物料的干燥特性，即干燥速率曲线。

干燥速率一般用单位时间内单位干燥面积上汽化的水量表示

$$N_A=\frac{dW}{A\,d\tau} \tag{3}$$

式中，N_A——干燥速率，kg/(m^2·s)；W——干燥除去的水量，kg；A——气固接触面积，即干燥面积，m^2；τ——干燥时间，s。

干燥速率以干物料为基准时，用单位质量干物料在单位时间内所汽化的水量表示

$$N'_A=\frac{dW}{G_C\,d\tau} \tag{4}$$

式中，G_C——干物料质量/kg。

因为 $$dW=-G_C\,dX_t$$

因此 $$N'_A=-\frac{dX_t}{d\tau} \tag{5}$$

干燥速率表示在一定的干燥条件下物料的含水率与干燥时间之间的关系。

干燥实验的目的是在一定的干燥条件下，例如加热空气的温度、湿度以及气速和空气的流动方式均不变，测定干燥曲线和干燥速率曲线。对于不同的物料、不同的干燥设备，干燥曲线与干燥速率曲线的形状是不同的，这反映了干燥情况的差异。但是，无论是何种干燥情况，干燥曲线和干燥速率曲线都可以分为两个阶段，即恒速干燥阶段和降速干燥阶段。如图1和图2所示。

恒速干燥阶段

如图2中所示的 BC 段所示。在该阶段，由于物料中含有一定量的非结合水，这部分水

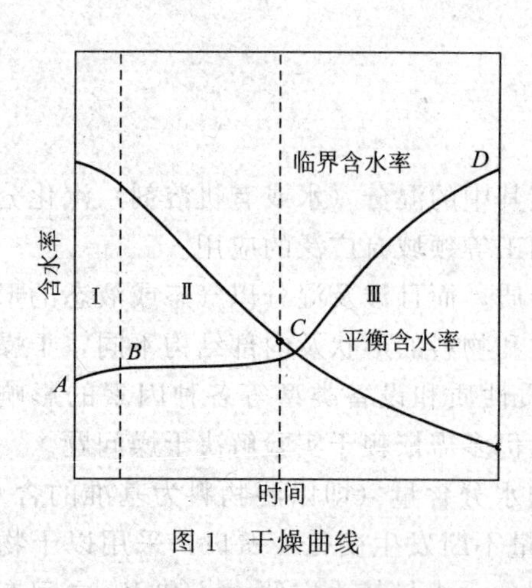

图 1 干燥曲线

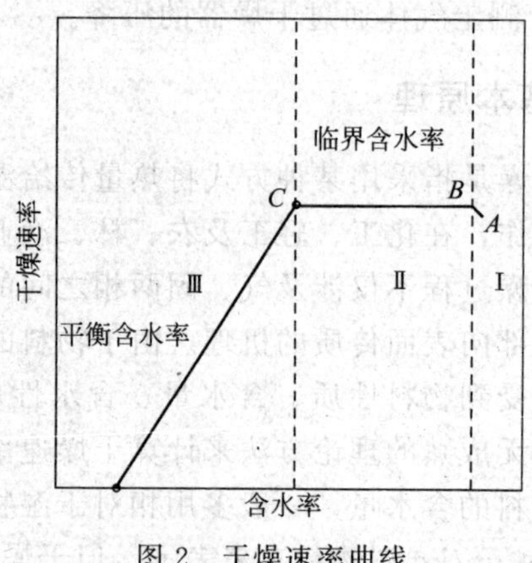

图 2 干燥速率曲线

所表现的性质与纯水相同，热空气传入物料的热量只用来蒸发水分，因此，物料的温度基本不变，并近似等于热空气的湿球温度。若干燥条件恒定，则干燥速率亦恒定不变。

在干燥刚开始进行时，由于物料的初值不会恰好等于空气的湿球温度，因此，干燥初期会有一短时间的预热阶段，如图 1 和 2 中的 AB 段所示。由于预热阶段一般非常短暂，在实验中有时会因实验条件和检测条件的局限而测定不出该段曲线。

降速干燥阶段

在该干燥阶段中，由于物料中大量的结合水已被汽化，物料表面将逐渐变干，使水分由“表面汽化”逐渐移到物料内部，从而导致汽化面积的减小和传热传质途径的加长。此外，由于物料中结合水的物理和化学约束力的作用，水的平衡蒸气压下降，需要较高的温度才能使这部分水汽化，这些因素综合起来，使得干燥速率不断下降，物料温度也逐渐上升，最终达到平衡含水率 X^* 而终止。恒速阶段与降速阶段交点处的含水率称为临界含水率，用 X_C 表示。

在实验过程中，只要测得干燥曲线，即物料含水率与时间之间的关系，即可根据曲线的斜率得到一系列不同时间对应的干燥速率（N'_A）。通过作图标绘即可得到干燥速率曲线。

应该注意的是，干燥（或干燥速率）曲线，临界含水率均显著地受到物料结构（大小及形态）和物料与热风的接触状态（与干燥器的类型有关）的影响。例如，对于粉状物料，若颗粒呈分散状态，在热风中干燥时，不但干燥面积大，其临界含水量也较低，容易干燥；若物料呈堆积状态，使热风掠过物料表面进行干燥，不仅干燥面积小，其临界含水率增大，干燥速率也变慢。因此，在干燥实验时，应尽可能采用与工业干燥器同类型的实验设备，至少也应使实验时的物料与热风接触状态近似于工业干燥器中的操作状态，这样得到的干燥（或干燥速率）曲线和临界含水率数据才有工业应用价值。

四、实验设计

1. 实验方案

本实验采用流化干燥方法干燥（变色）硅胶颗粒物料，硅胶粒度为 40～60 目。通过测定不同时间硅胶颗粒的含水率变化和物料温度，得到干燥曲线，经数据处理，就能求得干燥速率曲线。

2. 数据检测点及测试方法

实验中须测定的数据有干燥时间 τ 和与其对应的物料温度 t 和含水率 X_t。

干燥时间用计时表计时。物料的温度用热电阻温度计测定。由于在流化状态下测定硅胶颗粒的温度有困难，因此，近似以测定流化床床层温度来代替。

物料的含水率 X_t 采用烘干称重法测定。其测定方法为抽取一定量的试样置于试样瓶中，称其质量，记为 W_1

$$W_1=W_0+W_1'$$

式中，W_0——空瓶重，g；W_1'为样品（湿物料）重/g。

实验结束后，将所有试样瓶一起置于微波炉中烘干5～6min，再将试样瓶取出，一一称重，并记为 W_2

$$W_2=W_0+W_2'$$

式中，W_2'——干物料重，g。

则 $$W_2'=W_2-W_0$$

样品中水分含量 $$\Delta W=W_2-W_1$$

样品的干基含水率 $$X_t=\frac{\Delta W}{W_2'}$$

原始数据记录表的格式如表1所示。

表1 干燥速率曲线测定实验原始数据记录表

实验装置号：No. ________；空气流量________/(L/h)；空气温度________/℃；

空气相对湿度________/%；流化床直径________/mm

No.	时间 τ /min	床层温度 /℃	空瓶重 W_0/g	湿物料+空瓶重 W_1/g	干物料+空瓶重 W_2/g
1					
2					
3					
…					

3. 控制点及调节方法

本实验需在干燥条件恒定时测定物料含水率随干燥时间的变化关系。实验中需控制的操作变量为空气的流量和温度。

空气流量用转子流量计调节；空气温度用电加热器和固态继电器控温仪表自动控制。

4. 实验装置和流程

主要设备和仪表：玻璃流化床干燥器，床层内径140mm；空气压缩机；转子流量计；空气电加热器；固态继电器控温仪表系统；热电阻温度计；电热烘箱（微波炉）；电子天平，精度0.0001g。

本实验的装置流程如图3所示。

空气由空气压缩机输送，经转子流量计计量和电加热器预热后，通过流化床的空气预分布板与在床层中的湿硅胶颗粒进行流化接触和干燥，废气自干燥器顶部排出，并经旋风分离器脱除其中的微粒后排空，样品借助于安装在床层中部的“推拉杆式”物料取样器采集。

五、实验操作要点

1. 向预先装填在流化床干燥器中的硅胶床层上滴加220～300mL水，边滴加边通入空气流化搅拌，使硅胶物料均匀吸水。

2. 调节空气流量（约14～18m^3/h），使床层中颗粒层处于良好的流化状态。

3. 开启电加热开关预热空气，并先使空气经旁路阀门排空。

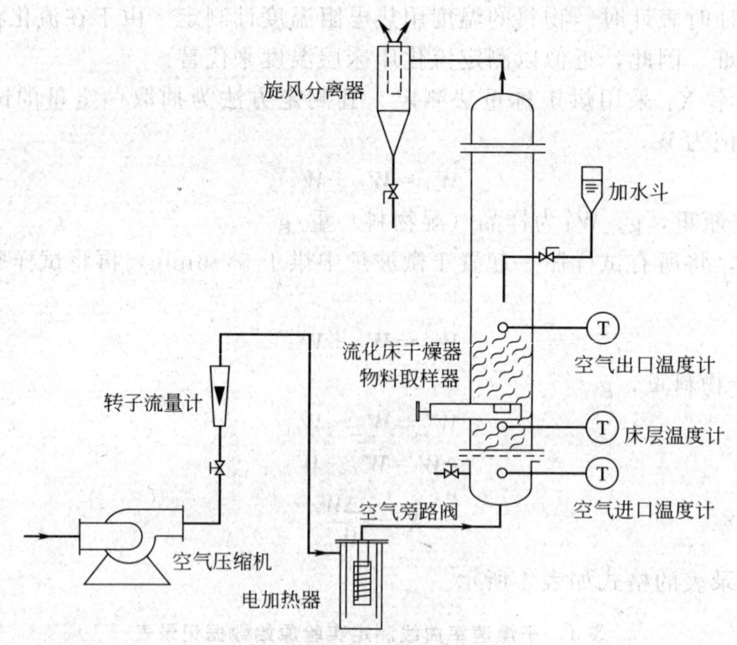

图 3　流化干燥实验装置流程

4. 待空气温度升至 95℃左右，再将旁路阀门关闭将热空气切换至床层。

5. 待床层温度升至约 38℃时，开始取样，时间记为 0。每隔 3min 取样一次，一共取 3 次，之后每隔 5～10min 取样分析一次，并记录相应床层温度，直至床层温度达到 65～70℃时结束取样。

6. 实验结束时，先关闭加热电源开关，待床层冷却后，再关闭空气阀门（转子流量计）。

7. 由于干燥后的硅胶极易吸水，在采出样品称重时，须将试样瓶盖严再称重，收集好所有样品后，最终取下瓶盖一起将样品瓶放入微波炉烘干。样品瓶自微波炉中取出时，也必须盖严后再去称重。

六、实验数据处理及结果讨论分析

1. 将实验数据点（θ-τ 和 X_t-τ）标绘在直角坐标纸上，并圆滑地绘出干燥曲线。

2. 求出干燥曲线上各点的斜率 N'_A，在直角坐标纸上标绘出干燥速率曲线。

3. 对实验结果进行分析讨论，论述所得结果的工程意义。

4. 分析实验数据误差产生的原因。

5. 提出进一步的建议。

七、思考题

1. 干燥速率曲线有什么理论或应用意义？

2. 在干燥过程中，有些物料的干燥希望热气流的相对湿度要小，而有些物料则要在湿度较大的热气流中干燥，为什么？

3. 空气的进口温度是否越高越好？

4. 实验中为什么要先开风机送风，而后再通电加热？

安全小贴士： 热空气温度高，当心烫伤。

第6章

选修实验

实验9　流量计流量校正实验

一、实验目的

1. 学会流量计流量校正（或标定）的方法。
2. 通过孔板（或文丘里）流量计孔流系数的测定，了解孔流系数的变化规律。

二、实验内容

1. 测定孔板（或文丘里）流量计的孔流系数。
2. 观察孔流系数的变化规律。
3. 测定孔板（或文丘里）流量计的永久压强损失。

三、基本原理

流量计的种类和型式很多，本实验研究差压式流量计的校正。差压式流量计也称速度式流量计，是用测定流体的压差来确定流体的速度，常用的有孔板流量计、文丘里流量计以及毕托管和喷嘴等。

本实验用的孔板流量计如图1(a)所示，是在管道法兰间装有一中心开孔的铜板。可根据流体力学的基本原理导出孔板流量计的计算模型。

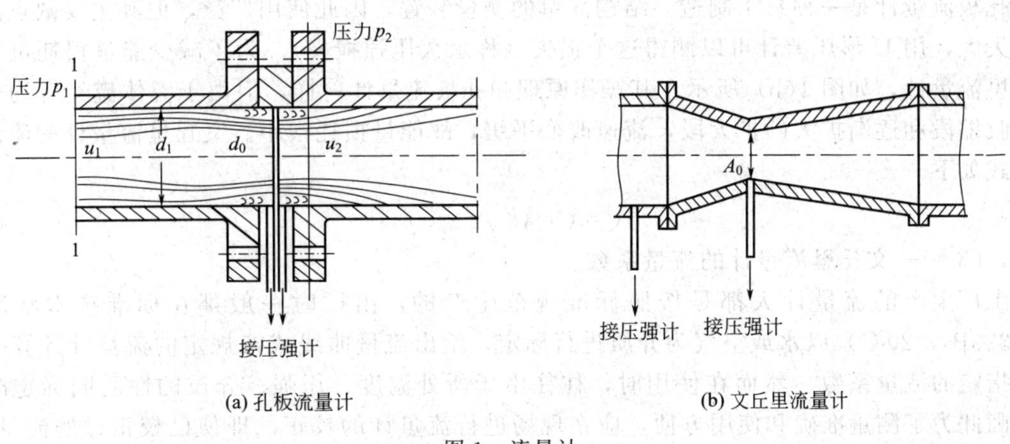

(a) 孔板流量计　　(b) 文丘里流量计

图1　流量计

当流体经小孔流出后，发生收缩，形成缩脉（即流动截面最小处），此时流速最大，因

而静压强相应降低。设流体为理想流体，无阻力损失，在图中截面1和截面2之间列伯努利方程，得

$$\frac{u_2^2-u_1^2}{2}=\frac{p_1-p_2}{\rho} \tag{1}$$

或

$$\sqrt{u_2^2-u_1^2}=\sqrt{2\Delta p/\rho} \tag{2}$$

由于式(2)没有考虑阻力损失，而且缩脉处（即截面2）的截面积常很难知道，但孔口的大小是知道的，因此上式中的u_2可用孔口速度u_0来代替，同时，两侧压孔的位置也不在截面1和截面2处，所以用校正系数c来校正上述各因素的影响，则式(2)变为

$$\sqrt{u_0^2-u_1^2}=c\sqrt{2\Delta p/\rho} \tag{3}$$

对于不可压缩流体，$u_1=u_0\left(\frac{d_0}{d_1}\right)^2$，代入上式后，整理得

$$u_0=\frac{c\sqrt{2\Delta p/\rho}}{\sqrt{1-\left(\frac{d_0}{d_1}\right)^2}} \tag{4}$$

令

$$C_0=c\Bigg/\sqrt{1-\left(\frac{d_0}{d_1}\right)^2} \tag{5}$$

又

$$\Delta p=Rg(\rho_i-\rho) \tag{6}$$

于是计算孔板流量计流量的数学模型式为

$$V=C_0A_0\sqrt{2gR(\rho_i-\rho)/\rho} \tag{7}$$

式中，A_0——孔口面积；C_0——孔流系数。孔流系数C_0的引入简化了流量计的计算模型。但影响C_0的因素很多，如管道流动的Re_d、孔口面积和管道面积比m、测压方式、孔口形状及加工光洁度、孔板厚度和管壁粗糙度等。因此只能通过实验测定。对于测压方式、结构尺寸、加工状况等均已规定的标准孔板，流量系数C_0可以表示为

$$C_0=f(Re_d, m) \tag{8}$$

式中，Re_d是以管径d计算的雷诺数，即

$$Re_d=\frac{du_1\rho}{\mu} \tag{9}$$

孔板流量计是一种易于制造，结构简单的测量装置，因此使用广泛，但其主要缺点是能量损失大，用U形压差计可以测得这个损失（称永久压强损失）。为了减少能量损耗可采用文丘里流量计，如图1(b)所示。其操作原理和孔板流量计一样，但由于流体流经有均匀收缩的收缩段和逐渐扩大的扩大段，流速改变平缓，故能量损耗很小。文丘里流量计的流量计算公式如下

$$V=C_VA_0\sqrt{2\Delta p/\rho} \tag{10}$$

式中，C_V——文丘里流量计的流量系数。

工厂生产的流量计大都是按照标准规范生产的，出厂时一般都在标准技术状况下（101325Pa，20℃）以水或空气为介质进行标定，给出流量曲线或按规定的流量计计算公式给出指定的流量系数。然而在使用时，往往由于所处温度、压强、介质的性质同标定时不同，因此为了测量准确和使用方便，应在现场进行流量计的校正。即使已校正过的流量计，由于在长时间的使用中被磨损较大，也需要再一次的校正。对于自制的非标准流量计，则必须进行校正，以确定其流量。流量计的校正，有量体法、称重法和基准流量计法。量体法或称

重法都是以通过一定时间间隔内排出的流体体积量或质量的测量来实现的，而基准流量计法则是用一个已被事先校正过而精度级较高的流量计作为被校流量计的比较基准来进行校正。

四、实验装置

本实验装置如图 2 所示，由循环水箱、供水泵、管道、被校流量计、基准流量计、调节阀门组成的。

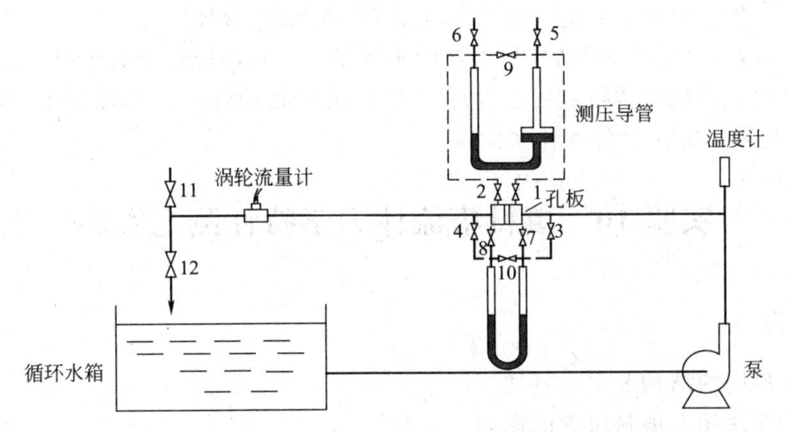

图 2　流量计校正实验装置

1～4—测压阀；5～8,11—放气阀；

9,10—平衡阀；12—流量调节阀

本实验物料为水，由供水离心泵提供并循环使用，为了防止脏物堵塞测压孔和卡住流量仪表，一般要求在水进入测试系统前加设滤网过滤。

本实验采用 0.5 级的涡轮流量计作为被检流量计的基准流量计，安装涡轮流量计时要求其前后有一定的直管稳定段，水平安装。被校的孔板或文丘里流量计上游必须有 $30\sim50d_{内}$ 的直管段，下游必须有大于 $5\sim8d_{内}$ 的直管段。势能差取压方法采用法兰取压法。永久压头取压点上游离孔板端面 $3\sim5d_{内}$，下游距孔板端面 $8d_{内}$。装置采用出口控制阀门调节流量，以保证测试系统的满灌。为了管道的排气，在其最高处装设放气阀（或旋塞）。一般还需装设温度计以测量水温。孔口（或喉径）尺寸、管道直径 $d_{内}$ 及安装流程，在实验现场具体了解。

五、实验操作要点

1. 检查并确认平衡阀处于开启状态，其余阀门为关闭状态。

2. 离心泵从水箱（或水池）抽水供给测试装置后，必须先进行系统、引压导管和 U 形压差计的排气工作，排气时严防 U 形压差计中水银冲出。

3. 待流动稳定以后，方能测试各参数数据，每经过一次流量调节需经 3～5min 的稳定。

4. 在最大流量范围内，合理进行实验布点。

5. 流量和压差计读数的精确程度直接影响 C_0（或 C_V）的数值。因此，要学会正确使用涡轮流量计和 U 形压差计进行流量和压差测量。

六、实验报告中实验结果部分的要求

1. 在半对数坐标纸上绘出孔流系数和雷诺数的关系曲线。

2. 在对数坐标纸上绘出永久压强损失和流速的关系曲线。

七、思考题

1. 为什么测试中要保证系统的满灌？
2. 为什么测试系统要排气，如何正确排气？
3. 单管压差计较U形压差计有什么优点？在使用时要注意什么问题？
4. 为什么涡轮流量计安装时，要求其前后有一定的直管稳定段？
5. 标绘 C_0-Re，C_V-Re 时选择什么样的坐标纸？你从所标绘的曲线得出什么结论？
6. 从实验中，可以直接得到压差计读数 R-V 的校正曲线，经整理后也可以得到 C_0-Re 的曲线，这两种表示方法，各有什么优点？

实验10　填料塔流体力学特性测定实验

一、实验目的

1. 了解填料塔的结构及填料特性。
2. 熟悉气液两相在填料层内的流动。
3. 了解填料塔的液泛并测定泛点和压降的关系。

二、实验内容

1. 测定实验用填料特性，如填料比表面积、孔隙率等。
2. 空气通过干填料时的压降。
3. 在水喷淋填料时，气体通过填料层的压降。
4. 熟悉填料塔操作及观察气液在填料层内流动状况及液泛现象。

三、基本原理

填料塔是一种应用广泛、结构简单的气液传质设备。塔体是筒体，里面放置一定高度的填料，填料底部有一层带孔的支承板用来支承填料，并保证气液流体通过。填料有整砌和乱堆两种方式，填料层上有液体分布装置，将液体均匀地喷洒在填料上。由于填料层中的液体往往有向塔壁流动的倾向，因此，在填料层过高时，常将其分段，一般每段填料不超过5m，每段填料均设有液体再分布器，保证液体分布均匀。

填料塔操作时，气体由下而上呈连续相通过填料层孔隙，液体则沿填料表面流下，形成相际接触界面并进行传质。

填料塔流体力学特性包括压降和液泛规律，它和填料的形状、大小及气液两相的流量和性质等因素有关。

各种填料特性可用下面几个量来表示。

(1) 填料的比表面积 σ

填料的比表面积是 $1m^3$ 填料层内所含填料的几何表面积，其单位为 m^2/m^3，比表面积数值可由下式计算

$$a=na_0 \tag{1}$$

式中，a_0——每个填料的表面积，m^2，用测量方法获得；n——$1m^3$ 填料层的填料个数。

（2）填料孔隙率 ε

填料孔隙率又称填料的自由体积，是指 $1m^3$ 填料层的空隙容积，其值与填料的自由截面积相一致，单位为 m^3/m^3，干填料的空隙率可用充水法实验测定。如果已知一个填料的实际体积为 $V_0(m^3)$，亦可用下式计算空隙率

$$\delta = 1 - nV_0 \tag{2}$$

（3）干填料因子 α/δ^3 和（湿）填料因子 Φ

干填料因子是由比表面积和孔隙率两个填料特性所组成的复合量 α/δ^3，单位是 1/m。

当液体喷洒在填料上时，部分孔隙为液体占有，空隙率有所减小，比表面积也会发生变化。因此就产生了相应的湿填料因子 Φ，简称填料因子。

当气体自下而上，液体自上而下流经一定高度的填料层时，将气体通过此填料层的压降和空塔气速在双对数坐标纸上作图，并以液体的喷洒量 L 为参数，可得图 1 所示曲线。图中最下一条直线代表气体流经没有液体喷淋的干填料层的情况（这时气体处于湍流状态），压降主要用来克服流经填料层的形状阻力。直线的斜率为 1.8～2，即压降与空塔气速的 1.8～2 次方成比例。当填料上有液体喷淋时，填料层内的部分空隙为液体所充满，减少了气流通道截面，并且在同样的空塔气速下，随液体喷淋量的增加，填料层持液量也增加，气流通道随持液量增加而减少，通过填料层的压降亦随之增加，如图 1 中 L_1，L_2，L_3 曲线所示。

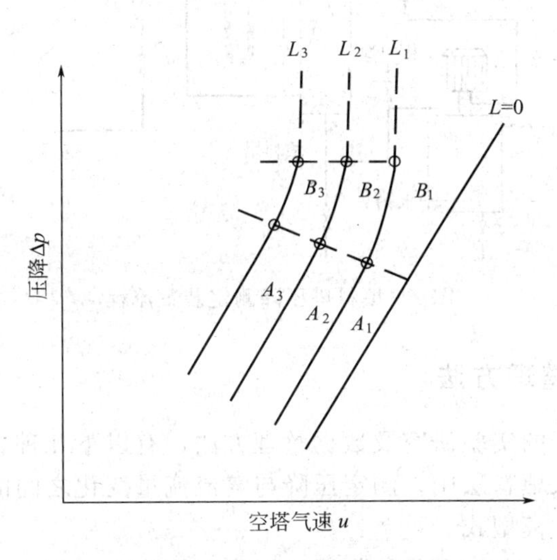

图 1　填料层压降和空塔气速的关系示意图

在一定量的喷淋液体之下，例如 $L = L_1$，当气速低于 A_1 点时，液体沿填料表面流动很少受逆向气流的牵制，持液量（单位体积填料所持有的液体体积）基本不变，压降对气速的关联线与气流通过干填料层的线几乎平行。当气速达到 A_1 点时，液体的向下流动受逆向气流的牵制开始明显起来，持液量随气速增加而增加，气流通道截面随之减小。所以自 A_1 点开始，压降随空塔气速有较大增加，压降-气速曲线的斜率即加大。点 A_1 以及其他喷淋量 L_2、L_3 下相应的 A_2、A_3 等称为载点，代表填料塔操作中的一个转折点。当气流速度增加至 B_1 点，气流通过填料层的压降迅速上升，并且压降有强烈波动，表示塔内已发生液泛，点 B_1 及其他喷淋量下相应的 B_2、B_3 等称为液泛点。液泛时，上升的气流经填料层的压降已增加到使下流的液体受到堵塞，不能按原有的喷淋量流下而积聚在填料层上。这时往往可

看到在填料层的顶部出现一层呈连续相的液体，使气体变成了分散相而在液体里鼓泡。如果填料的支承板设计不正确，其自由截面积比填料层的自由截面积还小，这时鼓泡层就首先发生在塔的支承板上，限制了设备的处理能力。液泛现象一经发生，若气速再增加，鼓泡层就迅速增加，进而发展到全塔。用目测来判断泛点，容易产生误差，有时就用压降-气速曲线上的液泛转折点来定义，称为图示泛点。

正确确定流体通过填料层的压降，对减压精馏、计算流体通过填料层所需动力十分重要，而掌握液泛规律，对填料塔操作和设计更是不可缺少。

四、实验装置

本装置是以水和空气为介质作流体力学特性实验。填料为瓷质拉西环。空气由压缩机提供，经过流量计由填料塔底部通入；水箱水由泵加压后经流量计计量，然后进入塔顶。水能够循环使用，塔底部装有 U 形管压差计测压降。

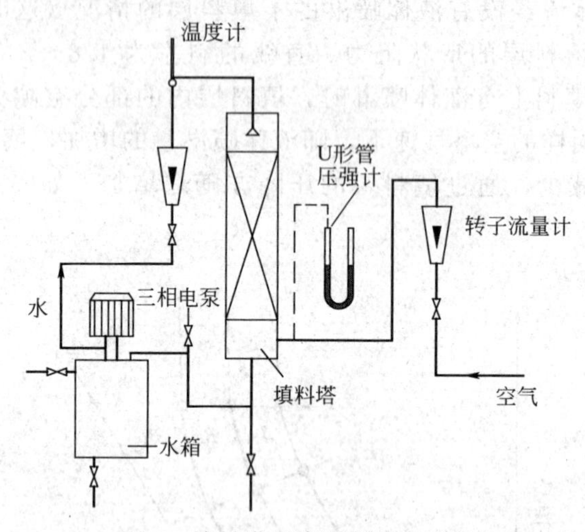

图 2 填料塔压降测定装置流程

五、实验研究及数据整理方法

液体通过填料层压降的实验研究及数据整理方法，有以下几种。

(1) 将真实流体通入填料层中，测定压降与气流流量变化之间的关系，并按图 1 的原理进行标绘，或整理成数学模型式。

(2) 将流体通过具有复杂边界的填料层的压降，简化为通过均匀圆管的压降，并采用如下数学描述

$$h_f=\frac{\Delta p}{\rho}=\lambda\frac{l}{d_e}\frac{u^2}{2} \tag{3}$$

式中，λ——阻力系数；l——填料层高度，m；d_e——填料层的当量直径，m，$d_e=4\delta/\alpha$；u——气体的平均速度，m/s，$u=u_0/\delta$；ρ——气体密度，m^3/kg。

对于一定类型填料，显然 λ 与 Re 有关。Re 定义为

$$Re=\frac{d_e u\rho}{\mu}=\frac{4u_0\rho}{a\mu}=\frac{4G}{a\mu} \tag{4}$$

式中，G——质量速度，$kg/(m^2/s)$。

实验数据可按λ、Re关系进行整理，并得出结果。

在填料有液体喷淋时，填料塔压降可表示为

$$\frac{\Delta p}{\rho}=\lambda'\frac{l}{d_e}\frac{u^2}{2} \tag{5}$$

式中，$\lambda'=m\lambda$；m——喷淋液体后，填料阻力所增加的倍数。

(3) 根据量纲分析提出的压降关联式，并经后人多次改进，得到填料塔压强泛点通用关联图，此关联图同时解决了泛点速度和压降的两项重要设计参数的计算，应用较广。1965年在美国已被列为标准计算法。但此法有一缺点，即关联式中的填料因子Φ在泛点计算和压降计算时有不同的数值。

六、实验报告中实验结果部分的要求

1. 多次测定填料的特性，并计算其平均值、标准误差、均值标准误差及真值。
2. 在对数纸上绘气速和压降的关系曲线。

七、思考题

1. 填料孔隙率有几种测定方法？
2. 流体通过干填料压降与湿填料压降有什么异同？
3. 离心泵操作时应注意什么问题？
4. 填料塔的液泛和哪些因素有关？
5. 填料塔气液两相的流动特点是什么？

实验11 吸附等温线与透过曲线测定实验

一、实验目的

1. 掌握吸附等温线的测定方法，了解影响吸附等温线的因素及其关联表达式。
2. 掌握透过曲线的测定方法，了解影响透过曲线的操作因素。
3. 利用透过曲线求解平均体积传质系数，掌握固定床吸附设备的放大方法。

二、实验内容

1. 在恒温的条件下，测定活性炭对水溶液中醋酸的平衡吸附量。利用电导测定来确定有机物在水中的浓度。改变水溶液的有机物浓度，测定活性炭相应的平衡吸附量，获得吸附等温线。

2. 在恒温的条件下，测定醋酸水溶液流经活性炭固定床后，出口浓度随时间的变化（透过曲线）。利用计算机进行浓度的在线测量。改变床层高度、流速，测定不同条件下的透过曲线。利用透过曲线求解该物系在操作条件下的平均体积传质系数。

三、基本原理

吸附是利用多孔固体颗粒选择性地吸附流体中的一个或几个组分，从而使流体混合物得以分离的方法。通常称被吸附的物质为吸附质，用作吸附的多孔固体颗粒称为吸附剂。化工生产中常用的吸附剂有硅藻土、白土、天然沸石、活性炭、硅胶、活性氧化铝、合成沸石等。将煤、椰子壳、果核、木材等进行炭化，再经活化处理，可制成各种不同性能的活性炭。活性炭比表面可达 1500m²/g。活性炭具有非极性表面，为疏水性和亲有机物的吸附剂。固定床吸附器是工业常用的吸附分离设备。

吸附过程的特点是相际传质。吸附质从流体相主体经过对流扩散至固体颗粒的外表面，这一传质步骤称为组分的外扩散；然后，吸附质从固体颗粒外表面沿固体内部微孔扩散至固体的内表面，称为组分的内扩散；最后，组分被固体吸附剂吸附。因此，吸附传质是由外扩散、内扩散和吸附三个步骤组成的。对于多数吸附过程，吸附质的内扩散是传质的主要阻力所在。

工业吸附过程对吸附剂的要求有：①有大的内表面，比表面越大吸附容量越大。②活性高，内表面都能起到吸附的作用。③选择性高。④具有一定的机械强度和物理特性（如颗粒大小）。⑤具有良好的化学稳定性、热稳定性以及成本低。

吸附相平衡通常用吸附等温线来表示，即平衡条件下，吸附剂固体相的吸附质浓度与流体相吸附质浓度的关系。吸附等温线最常用的表达式有线性方程和朗格缪尔方程。线性方程为

$$x=Hc \tag{1}$$

式中，c——流体中吸附质浓度，kg 吸附质/m³ 流体；x——固体相中吸附质的浓度，kg 吸附质/kg 吸附剂；H——比例常数。朗格缪尔方程为

$$x=x_m\frac{k_Lc}{1+k_Lc} \tag{2}$$

式中，k_L——朗格缪尔吸附平衡常数；x_m——固体相吸附容量，kg 吸附质/kg 吸附剂。当流体相中吸附质浓度较低时，常用线性方程；浓度不太低时，常用朗格缪尔方程。

固定床吸附器的透过曲线是指出口处流体浓度随时间变化的曲线。吸附初始时，固定床吸附器内吸附剂的浓度均为 x_2，入口流体浓度为 c_1。经操作一段时间后，入口处吸附相浓度将逐渐增大并达到与 c_1 成平衡的浓度 x_1。在后继一段床层（L_0）中，吸附相浓度沿轴向降低至 x_2，流体相浓度降低至 c_2。床层中吸附相浓度沿流体流动方向的变化曲线称为负荷曲线。吸附传质主要发生在 L_0 段，L_0 称为传质区长度。与吸附相的负荷曲线相对应，流体中的吸附质浓度沿轴向的变化称为流体相的浓度波。显然，负荷曲线的波形将随操作时间的延续而不断向前移动。最终，浓度波和负荷曲线均移动达到出口，此后出口流体的浓度将随时间延长而提高。出口处流体浓度随时间的变化曲线称为透过曲线。该曲线上流体的浓度开始明显升高时的点称为透过点，一般规定出口流体浓度为入口流体浓度的 5% 时为透过点（$c_B=0.05c_1$）。操作达到透过点的时间为透过时间 τ_b。若继续操作，出口流体浓度不断增加，直至接近进口浓度，该点称为饱和点，相应的操作时间为饱和时间 τ_S。一般取出口流体浓度为进口流体浓度的 95% 时为饱和点（$c_S=0.95c_1$）。

透过曲线是流体相浓度波在出口处的体现，所以，透过曲线与浓度波成镜面对称关系。可以用实验测定透过曲线的方法来确定浓度波、传质区长度，以及确定平均体积传质系数。

四、实验装置

1. 吸附等温线测定装置

图 1 所示为吸附等温线测定装置。用超级恒温槽来保证温度，通过电磁搅拌来实现液固平衡两相的充分接触。用电导仪测定溶液的醋酸浓度。用滴管滴加醋酸，以改变溶液的醋酸浓度。

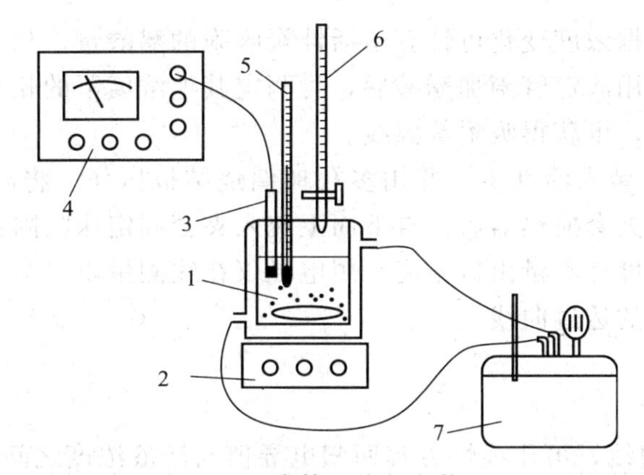

图1　吸附等温线测定装置

1—恒温夹套容器；2—电磁搅拌器；3—电导探头；4—电导仪；5—温度计；6—滴管；7—超级恒温槽

2. 吸附透过曲线测定装置

图2所示为吸附透过曲线测定装置。用超级恒温槽来保证流体和吸附床温度，用控制阀来调节流量，用量筒和秒表确定流量。用电导仪测定溶液的醋酸浓度，用计算机记录透过曲线。为了保证排净吸附床中的空气，采用自下而上的液体流向。为使操作中的活性炭颗粒不被吹起，床层表面需加压一块多孔玻璃烧结板。

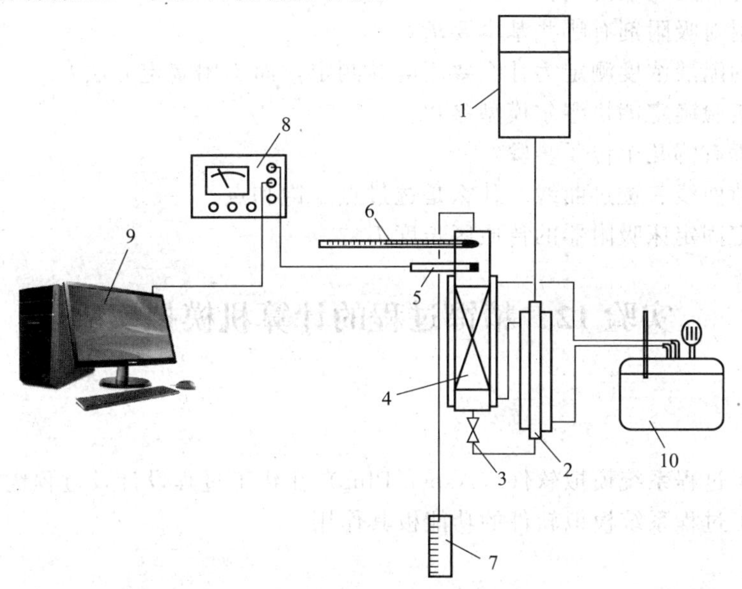

图2　吸附透过曲线测定装置

1—高位容器；2—换热器；3—控制阀；4—活性炭固定床；5—电导探头；6—温度计；7—量筒；8—电导仪；9—计算机；10—超级恒温槽

五、实验操作要点

1. 标定溶液电导曲线时，先在恒温槽中加水，并开启电源，设定温度。采用蒸馏水配制醋酸水溶液，在恒温条件下，对比溶液与纯蒸馏水的电导值，从而获得电导值与醋酸溶液浓度之间的关系曲线。

2. 测量吸附相平衡曲线时，在恒温夹套容器中，放入一定量的醋酸水溶液，用电导仪测定其浓度。称量一定的活性炭，放入夹套容器中，并充分搅拌足够长时间，再测定溶液的电导，确定其浓度。根据浓度变化可计算出活性炭吸附的醋酸量，从而确定溶液浓度与吸附相浓度的相平衡关系。用滴定管滴加醋酸后，可测定其他浓度下的相平衡数据。多次测量不同浓度下的相平衡数据，可获得吸附等温线。

3. 在夹套固定床中装入活性炭，并用多孔玻璃烧结板压住。将配制的醋酸溶液放入高位容器，使醋酸溶液经夹套换热器后，自下而上流入夹套固定床吸附器。用量筒和秒表计量固定床出口流量，用温度计测量出口温度，用电导仪在线测量出口溶液浓度，并用计算机记录出口浓度随时间变化的透过曲线。

六、实验数据处理

1. 标定溶液电导曲线，可用线性方程回归电导值与溶液浓度之间的关系。
2. 吸附等温线可用朗格缪尔方程进行非线性回归，具体可用马尔夸特方法。
3. 由固定床吸附器的透过曲线，可计算出传质区长度和固定床吸附器平均体积传质系数。

七、思考题

1. 吸附分离设备与吸收分离设备有何主要区别？
2. 有哪几种常用的吸附剂？
3. 工业吸附对吸附剂有哪些基本要求？
4. 本实验的醋酸浓度测定为什么要用电导测定，而不用滴定方法？
5. 如何用实验确定朗格缪尔模型参数？
6. 吸附过程有哪几个传质步骤？
7. 何谓负荷曲线、透过曲线？什么是透过点、饱和点？
8. 如何确定固定床吸附器的传质区长度 L_0？

实验 12　精馏过程的计算机模拟实验

一、实验目的

1. 了解化工过程系统模拟软件（Aspen Plus）在化工过程设计及过程优化中的应用。
2. 熟悉化工过程系统模拟软件的功能极其作用。

二、实验内容

（1）分离乙醇与水的混合液，处理量为10000kg/h，原料中乙醇的摩尔分数为0.15，进料温度为30℃，操作压力为常压，要求塔顶产品的乙醇摩尔分数＞0.78、塔底废水中乙醇摩尔分数＜0.001，通过模拟实验（计算）求取经济的操作回流比和理论板数，确定适宜的进料位置和温度灵敏板位置。

（2）分离乙醇与水的混合液，其中，第一股原料中乙醇的摩尔分数为0.15，进料量为8000kg/h，第二股原料中乙醇的摩尔分数为0.3，进料量为2000kg/h，进料温度均为30℃，操作压力为常压，要求塔顶产品的乙醇的摩尔分数＞0.85、塔底废水中乙醇的摩尔分数＜0.001，通过模拟实验（计算）求取经济的操作回流比和理论板数，确定适宜的进料位置和温度灵敏板位置。

三、基本原理

1. 概述

精馏是工业上分离液体混合物最常用的方法之一，也是化工过程中最重要的一个单元操作。随着科学技术的进步，为节省能源和获得高纯度的产品，人们越来越倾向于采用复杂的精馏技术，例如，针对来源和组成不同的物料采用了多股进料方法；为回收低冷级冷量或节省高等级热量采用了中间再沸器；为了节省高冷级冷量采用了中间冷却器；为在一个塔中获得多种产品采用了侧线采出；为节省加热蒸汽采用了热泵技术等。这些复杂精馏技术的采用使生产工艺在经济上更合理，在技术上更可靠，显示了极大的优越性。但是，新技术的大量采用，给精馏过程的设计和操作控制也带来了一定的困难，譬如，所需的理论板数应该是多少？操作回流比应该多大？塔顶、塔底以及侧线的采出率应各是多少？用于控制操作的温度灵敏板在什么位置，灵敏板温度应控制在什么范围等，对于所有这些问题，工程技术人员必须要给出确切的答案。

对于双组分液体混合物的普通精馏分离，根据化工原理教材中的有关理论知识，可以方便地计算出理论板数、回流比、采出率等设计和操作参数。即使需要通过实验来测取某些数据，例如塔板效率等，也比较方便。然而，对于多组分物系的复杂精馏分离，无论是通过计算还是组织实验来确定所需的工艺参数，都要困难得多。

随着计算机技术和化学工程基础理论研究的发展，利用计算机模拟方法来替代复杂的化工过程计算和实验已成为可能。所谓计算机模拟（Computer Simulation），就是利用计算机对过程的数学模型进行数值求解，得到过程的有关参数和其他信息，因此，这一方法也称为数学模拟方法（Mathematical Model Simulation Method）。

利用计算机对过程进行模拟，其实质就是在计算机上进行实际过程的实验。这种方法不仅可以节省大量的人、财、物，而且能够更快捷、更全面地考察各种参数的改变对于过程的影响，还可以对全过程进行优化。

2. 精馏过程的数学模型和模拟

根据计算的目的不同，精馏过程的模拟计算可以分为设计型计算和操作型计算两大类。设计型计算是在给定进料条件下，规定分离要求，确定所需的理论板数、经济上适宜的操作回流比和最佳进料位置；操作型计算是在给定了理论板数、回流比、进料位置等参数的情况下，计算塔顶、塔底产品的流量和组成。两种模拟计算的结果，均能得到精馏塔中各板上的浓度分布和温度分布。相比之下，操作型的计算方法更为成熟。

对于多组分物系的复杂精馏过程，现有的方法很难用于直接的设计计算。工程中较实用的方法是：先将过程简化为双（关键）组分物系的普通精馏，按着简捷法［即 **Fenske（或 Winn）—Undewood—Gilliland—Hengstebeck 法**］初估理论板数、回流比、进料位置以及塔顶、塔底的采出率（或流量）等参数，然后根据设计要求调整上述参数，采用操作型方法反复进行校核计算，直至达到设计要求。

精馏过程的数学模型由“MESH”方程（组）构成，即

M 方程：物料衡算方程；E 方程：相平衡方程；S 方程：组分摩尔分数加和（归一）方程；H 方程：焓衡算方程。

所谓“模拟”，就是利用一定的数学方法求取上述联立方程组的数值解。根据方程的形式（代数方程或微分方程）不同，可将计算方法分为稳态法和非稳态法两大类。对于稳态的

代数数学模型，又可根据求解方法的不同分为完全解耦法、部分解耦法和同时求解法三大类。常用的计算方法有三对角矩阵法（Tridiangle Metrix Method），2N 牛顿-拉弗逊法（2N Newton-Raphson），内-外层迭代同时求解法（Inside Out Algorithm）等。对于大部分精馏、吸收等分离问题，虽然还没有哪一种方法都能够保证成功，但通过灵活综合地运用现有的方法，已可以基本上解决目前工程上提出的各种问题。

Aspen Plus 是由美国麻省理工学院 1976～1981 年开发研制成功的化工过程系统模拟软件，其后经过不断完善，现已成为最新一代的化工过程模拟软件的代表。该软件可用来模拟设计的或正在运行的化工厂全工艺流程，除了能做详细的物料、能量衡算外，还能做设备尺寸计算、投资估算和成本分析。

本实验利用 Aspen Plus 软件模拟一个普通精馏塔的分离过程，在进料条件和分离要求规定以后，通过模拟计算，求得适宜的理论板数、操作回流比、最佳进料位置、温度灵敏板位置、灵敏板温度以及全塔的流量和组成等参数。

四、实验内容（1）的模拟计算

1.“DSTWU”模型功能

这是一个设计型问题，可采用 Aspen Plus 塔设备模块“Columns”中的精馏塔简捷设计计算模型“DSTWU”。“DSTWU”模型是用 Winn—Underwood—Gilliland 方法进行精馏塔的简捷设计计算。其中采用 Winn 方程（Fenske 修正）计算最小理论板数；使用 Underwood 方程计算最小回流比；根据 Gilliland 关联图来确定操作回流比下所需的理论板数，或者确定在一定理论板数下所需的回流比。

“DSTWU”模型需要设定四组模型参数。

（1）塔设定（Column Specifications）

包括全塔理论板数（Number of Stages）、回流比（Reflux Ratio）、全塔理论板数（包括冷凝器和再沸器）。理论板数和回流比仅允许规定其中之一，不能同时规定两项。选择规定回流比时，当输入值＞0，表示输入的是实际回流比；当输入值＜0，则表示输入值的绝对值为实际回流比与最小回流比的比值（$R_{\mathrm{actul}}/R_{\mathrm{min}}$）。

（2）关键组分回收率（Key Component Recoveries）

包括轻关键组分在塔顶产品中的摩尔回收率（即塔顶产品中轻关键组分的摩尔流率/进料中轻关键组分的摩尔流率）和重关键组分在塔顶产品中的摩尔回收率（即塔顶产品中重关键组分的摩尔流率/进料中重关键组分的摩尔流率）。

（3）塔的压力（Pressure）

包括冷凝器压力、再沸器压力，亦即全塔第一级理论板与最后一级理论板的压力。

（4）冷凝器设定（Condenser Specifications）

包括全凝器（Total Condensed）、塔顶汽相采出的分凝器（Partial Condenser with All Vapor Distillate）、塔顶汽液两相采出的分凝器（Partial Condenser with Vapor and Liquid Distillate）。

“DSTWU”模型的模拟结果可以得到最小回流比、最小理论板数、实际回流比、实际理论板数（包括冷凝器和再沸器）、进料板位置、冷凝器热负荷与再沸器热负荷等参数，还能给出全塔进、出物流的所有参数（流量、温度、压力、组成等）。

“DSTWU”模型还具有计算生成回流比随理论板数变化数据表的功能（General Table

of Reflux Ratio Vs Number of Theoretical Stages）。该数据表在设计精馏塔时对选择确定适宜的回流比或理论板数是十分有价值的。虽然将简捷计算的结果直接用于实际分离工艺过程和分离设备的设计还略显粗糙，但可以为精馏塔及精馏工艺的严格计算提供一个好的初值，特别是在多精馏分离方案的评价中，可将“DSTWU”模型作为一个快速简捷的计算工具使用。

2. 模拟计算过程

（1）建立和保存文件

启动 **Aspen Plus**（10.0 版），选择模板“**General with Metric Units**”，将文件保存为 **T-101. bak**。

（2）建立流程图

选择“**Columns**”模块库中的“**DSTWU**”模型“**ICON1**”，建立如图 1 所示的模拟流程图。

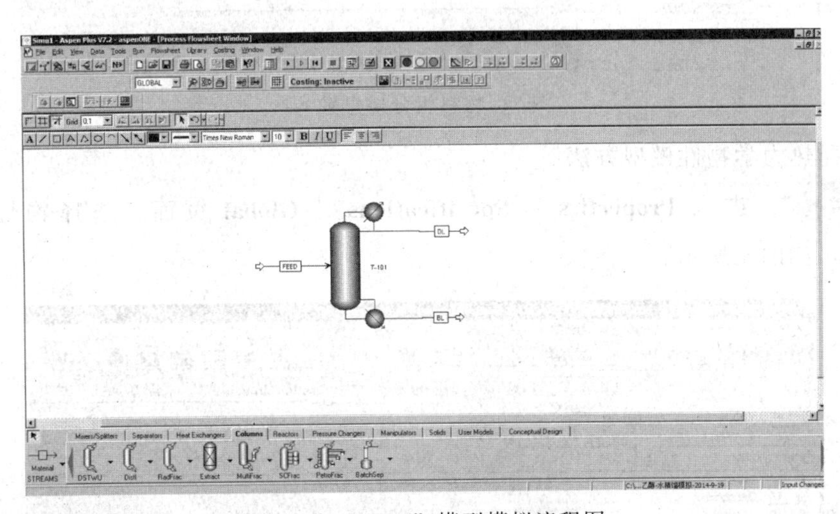

图 1 “DSTWU”模型模拟流程图

（3）全局设定

点击“N>”（Next），出现 **Flowsheet complete** 对话框，点击确定，进入 **Setup**|**Specifications**|**Global** 页面，在 Title 名称（名称）一栏中填入“T-101”（见图 2）。

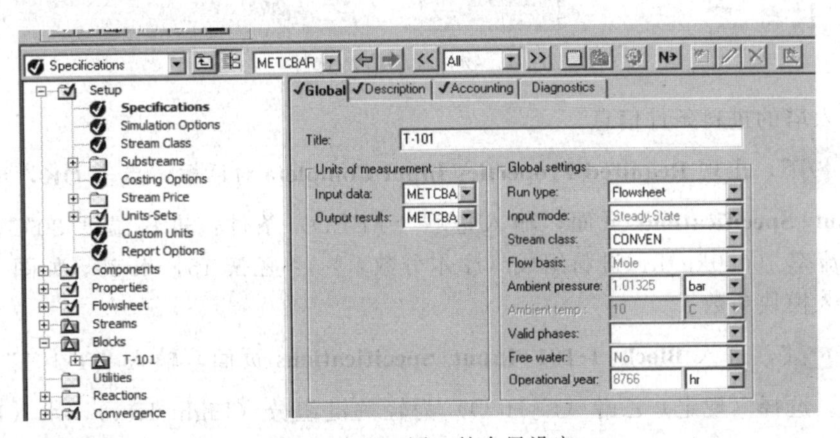

图 2 流程（图）的全局设定

（4）输入物料组分信息

点击“N>”，进入 **Components** | **Specifications** | **Selection** 页面，输入组分 H_2O（水）、C_2H_6O（乙醇），如图 3 所示。

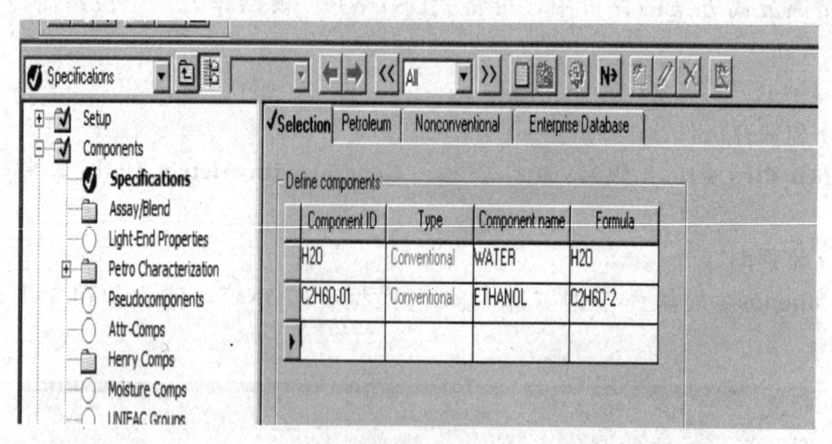

图 3 物料组分信息输入

（5）选择热力学物性模型方法

点击“N>”，进入 **Properties** | **Specifications** | **Global** 页面，选择物性模型方法“WILSON”，如图 4 所示。

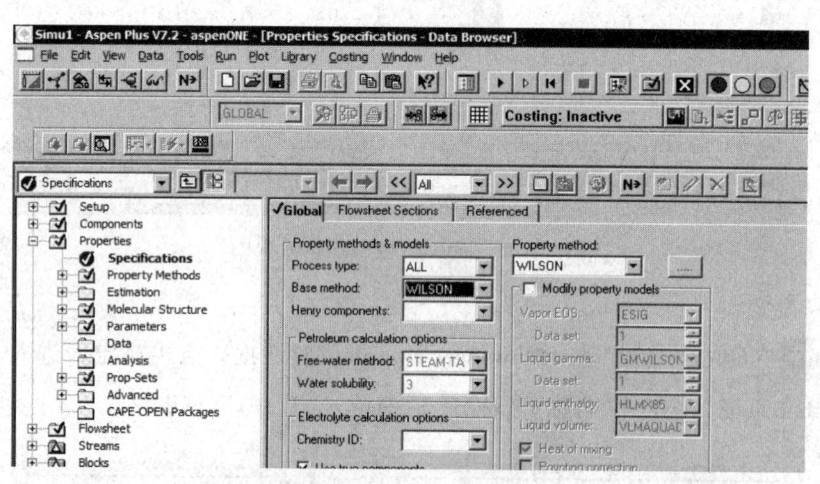

图 4 物性模型方法选择

（6）输入塔的进料条件信息

点击“N>”，出现 **Required Properties Input Complete** 对话框，点击 **OK**，进入 **Streams** | **FEED** | **Input** | **Specifications** 页面，输入进料（FEED）条件：进料温度 30℃，进料压力 2bar，进料流率 10000kg/h，进料组成（摩尔分数，%）：乙醇 15，水 85，如图 5 所示。

（7）输入模块参数

点击“N>”，进入 **Block** | **T-101** | **Input** | **Specifications** 页面，输入“T-101”模块参数，如图 6 所示。选择（规定）乙醇（C_2H_6O）为轻关键组分（Light Key），水（H_2O）为重关键组分（Heavy Key），输入轻关键组分的回收率为 0.999，重关键组分的回收率为 0.05。

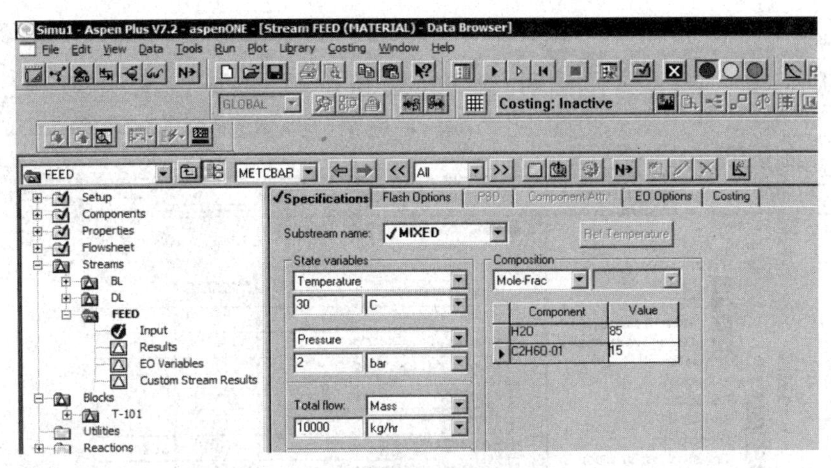

图 5 进料条件信息输入

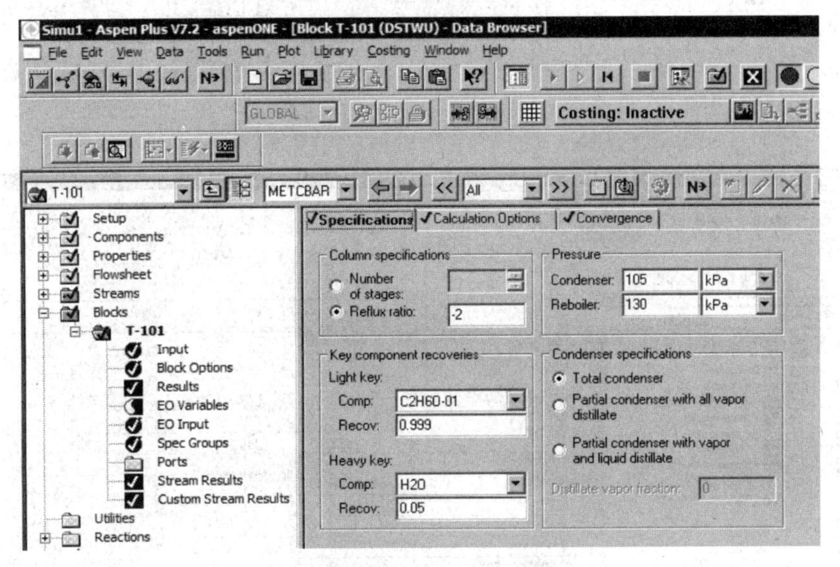

图 6 模块（T-101）参数输入

回流比（Reflux ratio）输入“-2”，表示实际回流比为最小回流比的 2 倍。压力（Pressure）输入冷凝器为 105kpa，再沸器为 130kpa。

（8）运行模拟

点击“N>”，出现 **Required Input Complete** 对话框，点击确定，运行模拟。

（9）查看模拟计算的模块结果

点击“N>”，由左侧数据浏览窗口选择 **Blocks|T-101|Results**，在 **Summary** 页面可看到计算的最小回流比为 1.0829，实际回流比为 2.1658；最小理论板数为 15.5（包括冷凝器和再沸器），实际理论板数为 23（包括冷凝器和再沸器）；进料位置为第 18 板（自塔顶起）。模拟结果列于图 7。

（10）查看模拟计算的物流结果

点击 **Results Summary|Streams** 可查看模拟计算的模块结果，包括进出 T-101 塔各股物流的流量、温度、压力、组成等信息，如图 8 所示。

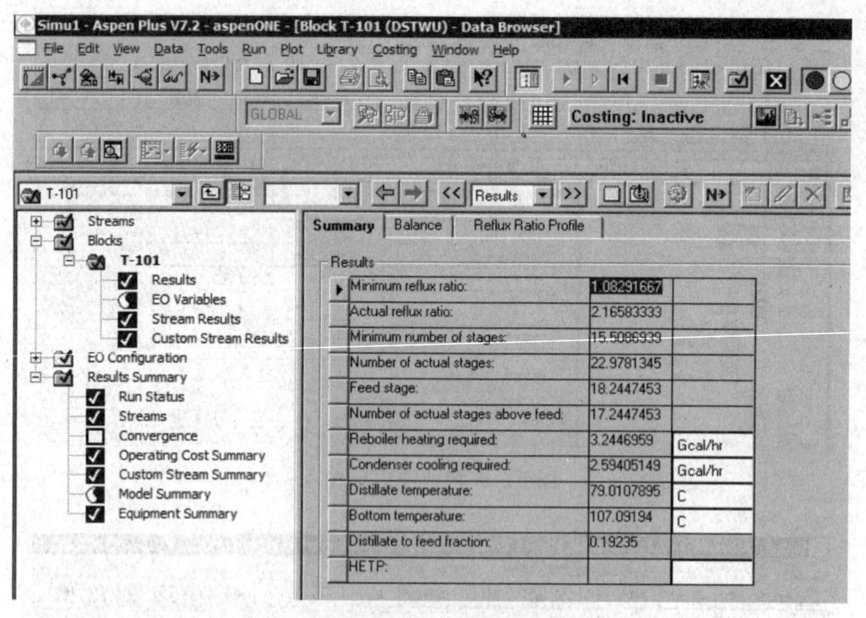

图 7　模拟计算的模块结果

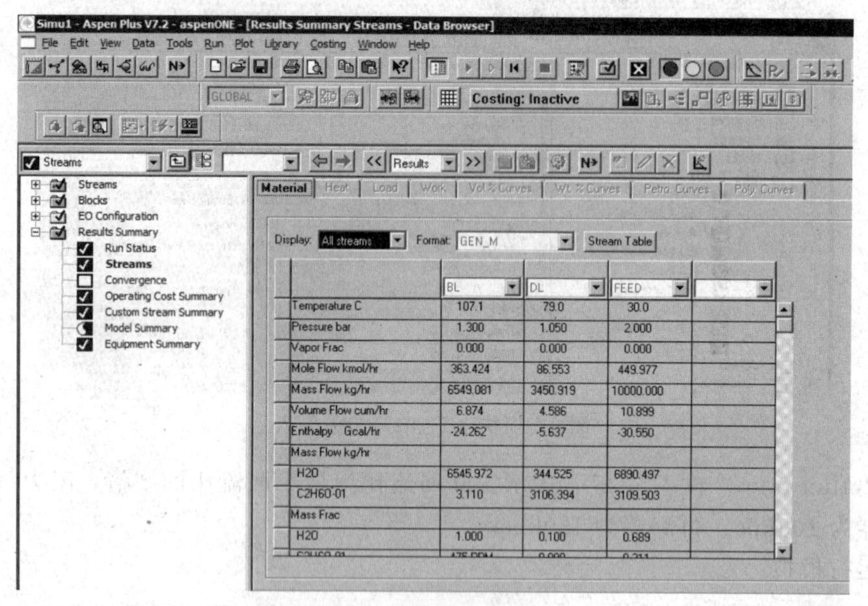

图 8　模拟计算的物流结果

（11）标绘回流比与理论板数变化关系曲线

从输入/结果浏览菜单中选择 Input，由左侧数据浏览窗口选择 **Blocks|T-101|Input**，在 **Calculation Options** 页面选择 **Generate table of reflux ratio vs number of theoretical stages**，输入理论板数起始值 18(Initial number of stages) 和理论板数终止值 50(Final number of stages)，输入理论板数变化间隔值 1(Increment size for number of stages)，如图 9 所示。

点击“N>”，出现 **Required Input Complete** 对话框，点击确定，运行模拟。点击“☑”，由左侧数据浏览窗口选择 **Blocks|T-101|Results**，在 **Reflux Ratio Profile** 页面即显示出回流比随理论板数变化数据表，如图 10 所示。

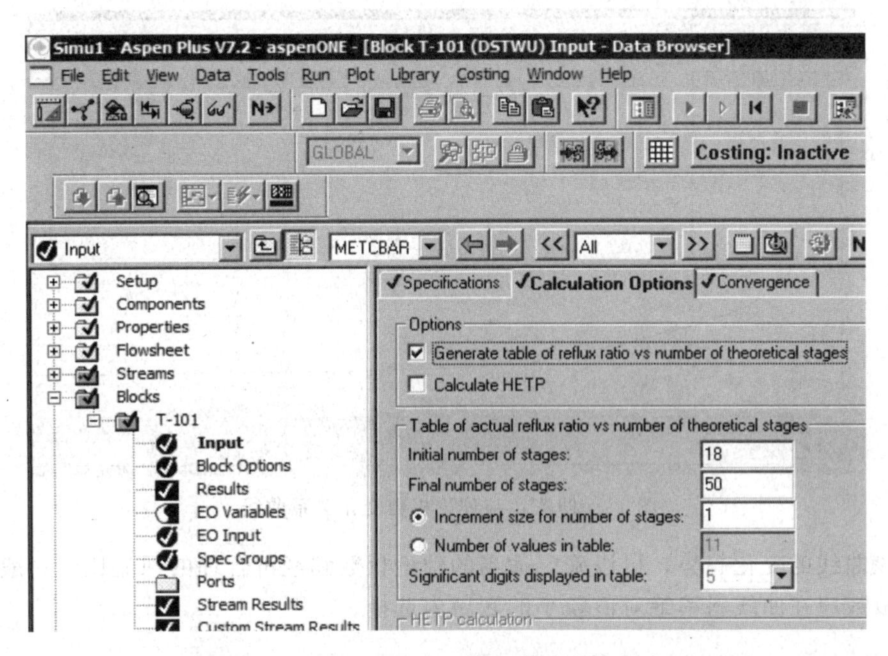

图 9　生成回流比与理论板数变化数据表

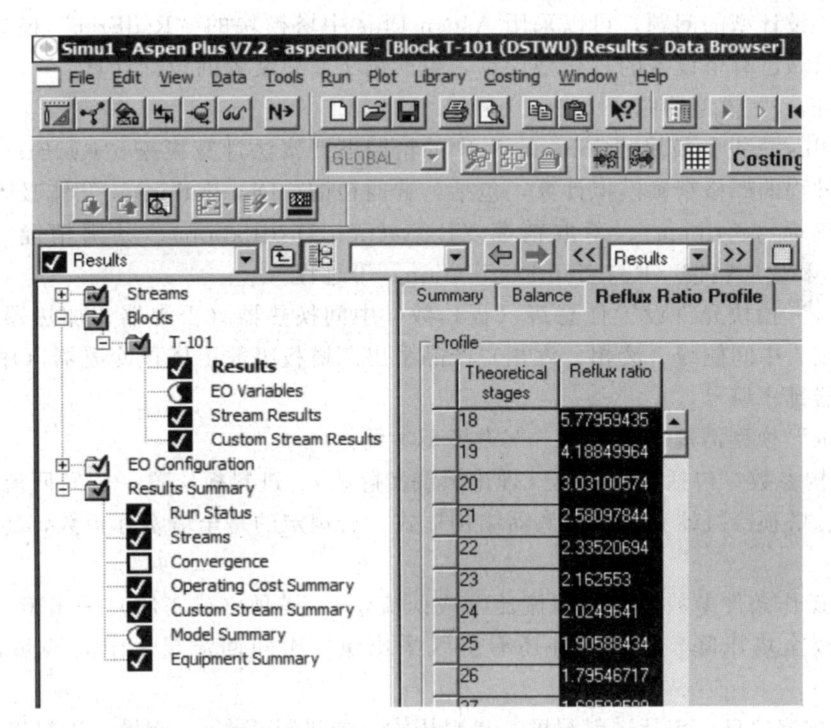

图 10　回流比与理论板数变化数据表

点击数据表表头 **Theoretical stages**，此列变为高亮度，选择菜单栏中的 **Plot|X-Axis Variable**，即将该列作为横坐标；再点击数据表表头 **Reflux ratio**，此列显示高亮度，选择菜单栏中的 **Plot|Y-Axis Variable**，即将该列作为纵坐标；再选择菜单栏中的 **Plot|Display Plot**，就得到了如图 11 所示的回流比与理论板数变化关系曲线。

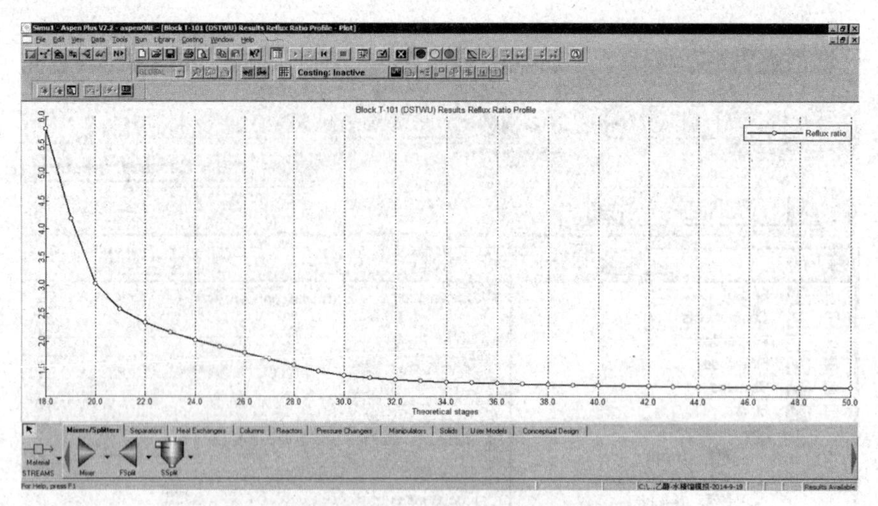

图 11 回流比与理论板数变化关系曲线

根据该曲线的变化趋势，可以确定适当的理论板数和经济合理的回流比。一般来说，合理的理论板数应在曲线斜率绝对值较小的区域内选择。

五、实验内容（2）的模拟计算

这是一个设计型的问题，可以采用 Aspen Plus 中塔模块的“RadFrac”模型计算解决。该模型既可以做已有塔设备的校核型计算，也能用于新建装置的设计计算。

1. “RadFrac”模型功能

Aspen Plus 塔设备模块“Columns”中的精馏塔严格法计算模型“RadFrac”可用于下述分离工艺过程的严格精确模拟计算，包括：普通精馏（Distillation）、气体吸收（Gas Absorption）、汽提（Striping）、萃取精馏（Extraction Distillation）、共沸精馏（Azeotropic Distillation）和反应精馏（Reaction Distillation）等过程。

“RadFrac”模块允许设置任意级（板）数、中间换热器（再沸器、加热器、冷凝器）、中段循环回流、中间侧线（液相、汽相）产品采出。塔板级数由塔顶冷凝器（序号 1）向下至塔底再沸器排序编号。

“RadFrac”模型需规定输入以下五类模型参数：

① 塔结构参数 包括全塔板数（理论板或实际板）、进料板位置、中间回流位置、中间换热器位置、塔顶冷凝器和塔底再沸器结构形式。若规定的是全塔实际板数，还需输入塔板效率。

② 工艺操作条件参数 包括回流比（或回流量）、塔顶（或塔底）采出量、塔顶压力、塔底压力（或全塔压降）等，此外还有侧线采出量、中间回流量、中间换热速率等相关参数。

③ 进料物流信息 包括进料温度、进料压力（或进料相态）、流量、进料组分组成等。

④ 热力学模型参数 包括热力学模型方程确定和模型方程参数（如需要）。

⑤ 模块数学模型参数 包括模型计算过程需要规定的一些模型参数。

2. 模拟计算过程

这是一个有两股进料和两股出料的复杂精馏塔工艺设计计算问题，采用“**RadFrac**”模型的校核型严格算法计算解决。

（1）建立和保存文件

启动 **Aspen Plus**，选择模板 **General with Metric Units**，将文件保存为 **T-102. bak**。

（2）建立流程图并置全局设定

选择“**Columns**”模块库中的“**RadFrac**”模型“**FRACT1**”，建立如图 12 所示的模拟流程图。

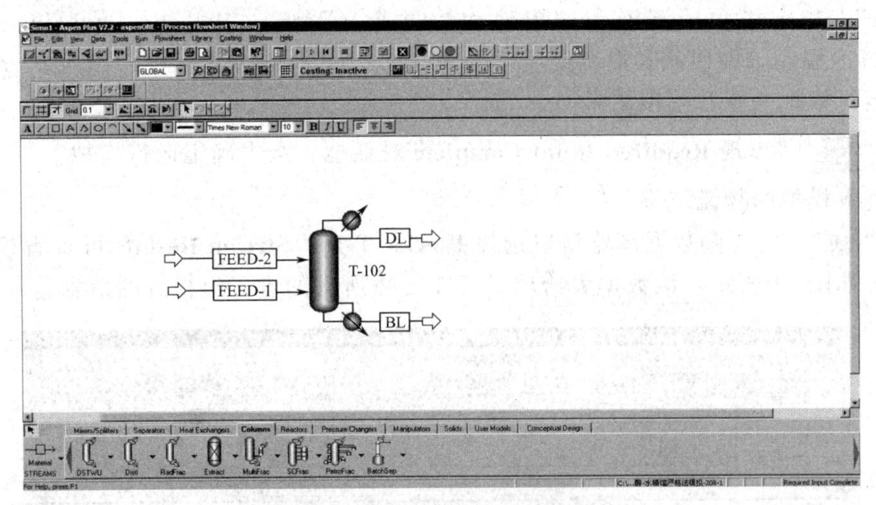

图 12　T-102 精馏塔模块流程图

全局设定与实验内容（1）的模拟计算中，关于全局设定的方法相类似，在 Title 框中输入 T-102，规定报告形式（Report Options）、输入组分、选择物性方法、输入进料条件等数据。

（3）输入模块参数

点击“N>”，进入 **Blocks|T-102|Setup|Configuration** 页面，输入模块“T-102”的各参数，如图 13 所示。输入计算类型为平衡级模型（Equilibrium），全塔理论板数 27，冷凝器选择全凝器（Total），再沸器选择釜式加热器（Kettle），模型计算方法（Convergence）选择强非理想物系方法（Strongly non-ideal liquid），塔顶馏出物流率（Distillate rate）为

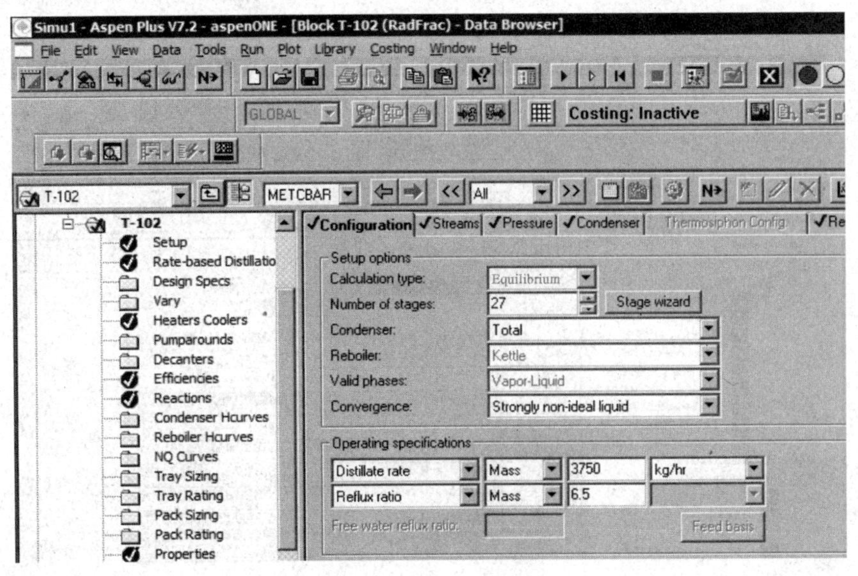

图 13　输入模块参数

3750kg/h，回流比 6.5。

点击菜单栏的“**Streams**”，输入进料流股 Feed-1 的进料板位置为 24，Feed-2 的进料板位置为 23。点击菜单栏的“**Pressure**”，输入塔顶第 1 板（即冷凝器）压力为 101kPa，塔顶第 2 板压力为 105kPa，全塔压降（Column pressure drop）为 30kPa。点击菜单栏“**Condenser**”，指定塔顶回流液和馏出液均为过冷（Both reflux and liquid distillate subcooled），过冷温度（即回流和馏出温度）为 60℃。

（4）运行模拟并查看模拟结果

点击“N>”，出现 **Required Input Complete** 对话框，点击确定运行模拟。

（5）查看模拟的物流结果

点击“☑”，由左侧数据浏览窗口选择 **Blocks|T-102|Stream Results** 可查看模拟计算的物流结果，如图 14 所示，该数据表给出了 T-102 塔所有的进、出物流的信息。

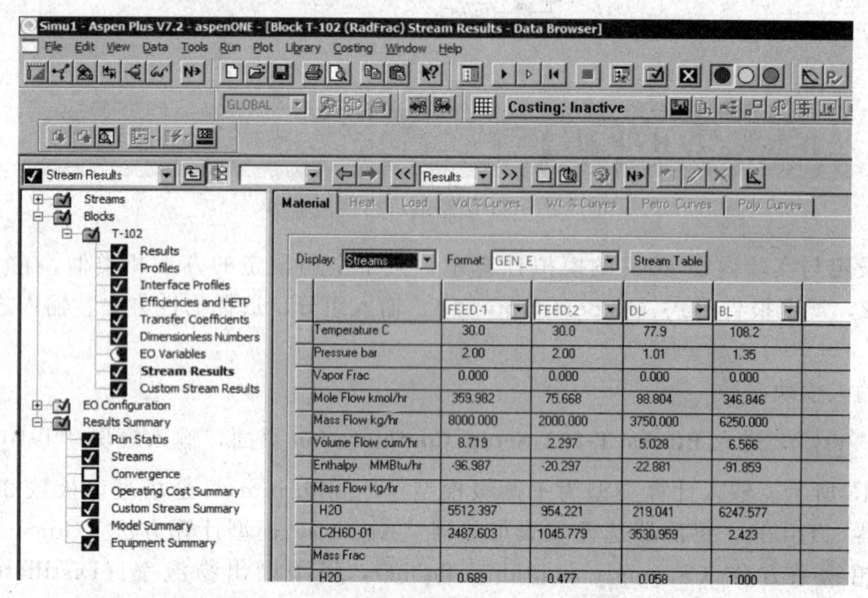

	FEED-1	FEED-2	DL	BL
Temperature C	30.0	30.0	77.9	108.2
Pressure bar	2.00	2.00	1.01	1.35
Vapor Frac	0.000	0.000	0.000	0.000
Mole Flow kmol/hr	359.982	75.668	88.804	346.846
Mass Flow kg/hr	8000.000	2000.000	3750.000	6250.000
Volume Flow cum/hr	8.719	2.297	5.028	6.566
Enthalpy MMBtu/hr	-96.987	-20.297	-22.881	-91.859
Mass Flow kg/hr				
H2O	5512.397	954.221	219.041	6247.577
C2H6O-01	2487.603	1045.779	3530.959	2.423
Mass Frac				
H2O	0.689	0.477	0.058	1.000

图 14　模拟计算的进、出物流信息

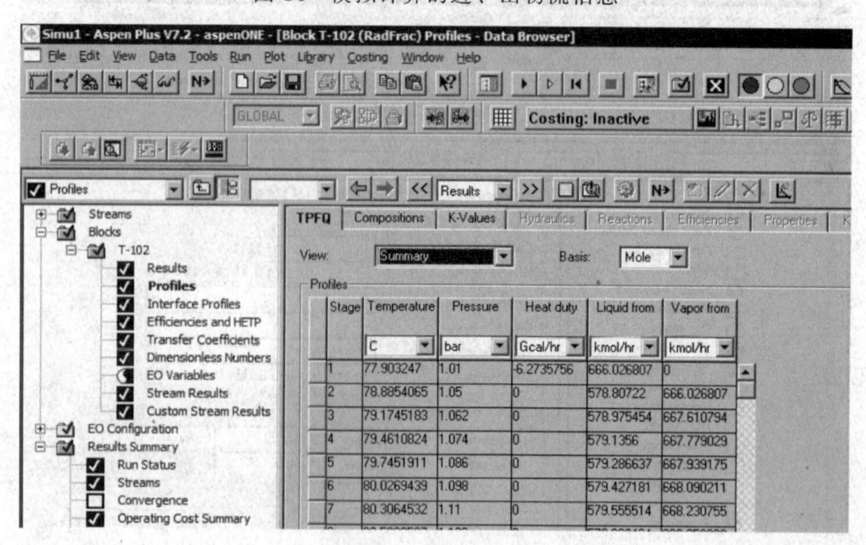

Stage	Temperature C	Pressure bar	Heat duty Gcal/hr	Liquid from kmol/hr	Vapor from kmol/hr
1	77.903247	1.01	-6.2735756	666.026807	0
2	78.8854065	1.05	0	578.80722	666.026807
3	79.1745183	1.062	0	578.975454	667.610794
4	79.4610824	1.074	0	579.1356	667.779029
5	79.7451911	1.086	0	579.286637	667.939175
6	80.0269439	1.098	0	579.427181	668.090211
7	80.3064532	1.11	0	579.555514	668.230755

图 15　模拟计算的全塔温度分布

（6）查看模拟计算的冷凝器、再沸器热负荷

从左侧数据浏览窗口选择 **Blocks**|**T-102**|**Results**，可查看模拟计算的冷凝器、再沸器热负荷。

（7）绘制并查看模拟计算的全塔温度分布（Profile）、浓度分布曲线等信息。

从左侧数据浏览窗口选择 **Blocks**|**T-102**|**Profiles**，在 **TPFQ** 页面查看塔内温度分布，如图 15 所示；在 **Compositions** 页面可查看塔内浓度分布，如图 16 所示。

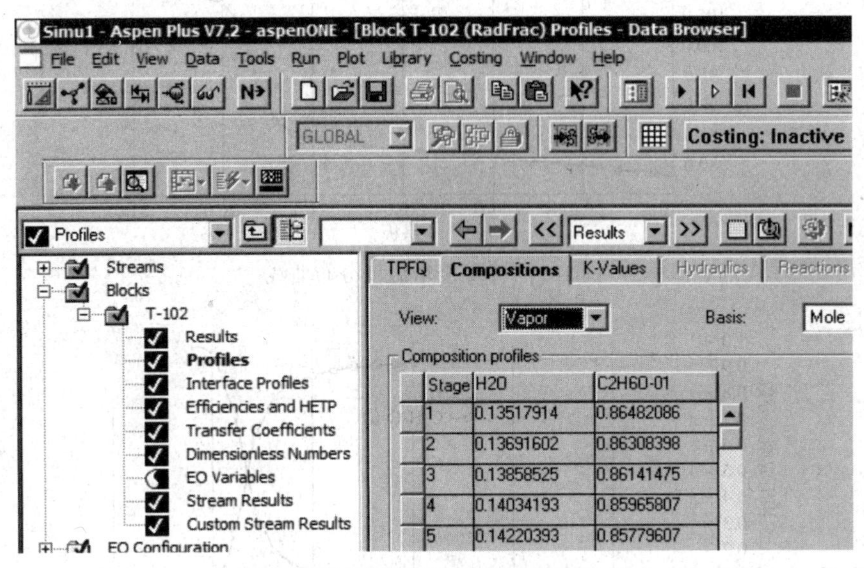

图 16 模拟计算的全塔组分浓度分布

（8）绘制全塔温度分布曲线

点击菜单栏的 **Plot**，选择 **Plot Wizard**，出现 **Plot Wizard** 对话框，再点击对话框中的 **“Next”**，就会出现如图 17 所示的 12 种 Aspen Plus 可生产的曲线图形，分别为温度（Temp）、组成（Comp）、流量（Flow Rate）、压力（Pressure）、相平衡常数 K 值（K-Values）、相对挥发度（Rel Vol）、分离因子（Sep Factor）、流量比（Flow Ratio）、温度-焓（T-H）[CGCC（T-H）] 总组合曲线、熵-焓（S-H）[CGCC(S-H)] 总组合曲线、水力学分析（Hydraulics）和有效能损失曲线（Energy）。其中，后 4 种曲线用于精馏塔的热

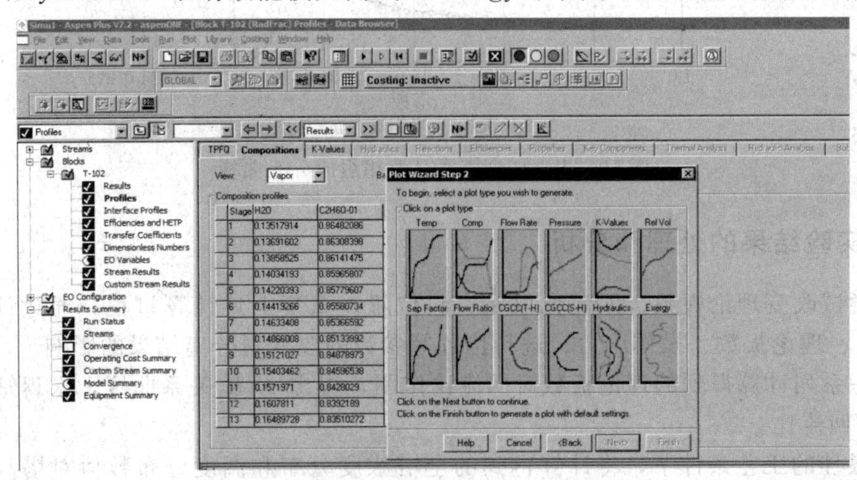

图 17 Plot Wizard 可生产的曲线图形

力学分析和水力学分析。

点击 **Plot Wizard Step 1** 对话框中的 **Next**，进入 **Plot Wizard Step 2** 页面，出现 12 种生成曲线对话框，如图 16、图 17 所示。分别点击所选择的温度和组成曲线图形框，按 Aspen Plus 引导途径，绘制 T-102 全塔温度分布曲线和汽、液相组成分布曲线。结果如图 18 和图 19 所示。

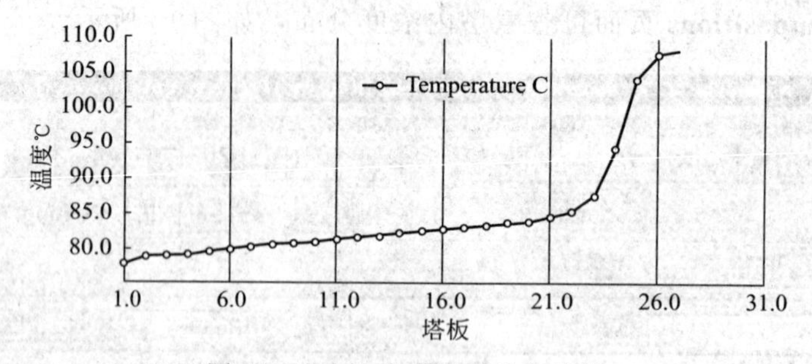

图 18 T-102 全塔温度分布曲线

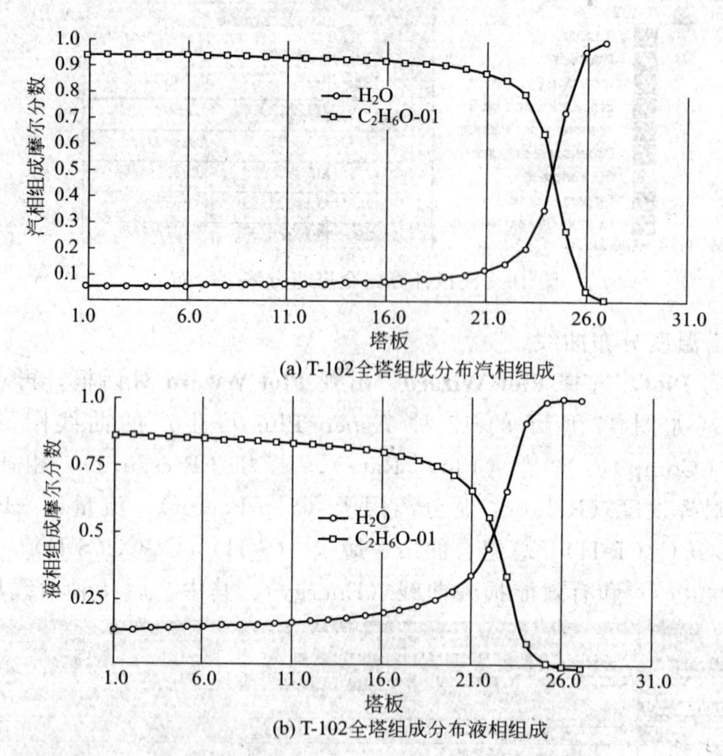

(a) T-102全塔组成分布汽相组成

(b) T-102全塔组成分布液相组成

图 19 T-102 全塔汽、液相组成分布曲线

六、模拟实验结果的处理和分析

1. 可尝试改变理论板数、回流比以及进料位置，重复上述计算过程。通过计算，讨论分析回流比、理论板数、操作压力、进料位置等参数的改变对分离结果的影响。

2. 将一系列计算得到的理论板数对回流比作图，得出 N-R 关系曲线，求得适宜的理论板数和操作回流比。

3. 在最佳的工艺条件下，将计算得到的全塔浓度分布和温度分布数值对塔高（塔板位置序号）标绘成曲线，求得最佳进料位置和温度灵敏板位置，确定灵敏板温度。

第7章

演示实验

实验13　雷诺实验

一、实验目的

1. 观察流体在管内流动的两种不同型态。

2. 确定临界雷诺数。

二、基本原理

流体流动有两种不同型态，即层流和湍流，流体作层流流动时，其质点作平行于管轴的直线运动，湍流时流体质点在沿管轴流动的同时还作着杂乱无章的随机运动。雷诺（特征）数是判断流动型态的（特征）数。若流体在圆管内流动，则雷诺数可用下式表示

$$Re=\frac{du\rho}{\mu} \tag{1}$$

式中，d——管子内径，m；u——流速，m/s；ρ——kg/m^3；μ——流体黏度，Pa·s。

一般认为，$Re<2000$ 时，流动型态为层流，$Re>4000$ 时，流动为湍流。Re 数值在两者之间，有时为层流，有时为湍流，流型不确定，与环境条件有关。

一定温度的流体在特定的圆管内流动，雷诺数仅与流速有关。本实验是改变水在管内的速度，观察在不同雷诺数下流体流型的变化。

三、实验装置

实验装置如图1所示。主要设备及仪表如下。

① 水箱　前后两面装有玻璃，可供观察。其尺寸为：长2m；宽0.45m；高0.6m。

② 玻璃试验管　管子内径：d 为27mm；全长为1.8m；其中扩大口长度为300mm；最大口径为120mm。

③ 细缝流量计　玻璃罩内装有细缝流量计，它由管径为25mm的紫铜管制成，铜管内细缝宽度为2.5mm，刻度：0～210mm；玻璃罩高230mm，内径为142mm，壁厚为5mm，附有细缝刻度与流速关系的校验曲线图。

本实验装置中水箱是安置于水泥平台上的，实验时应尽可能避免一切振动影响，方能获得较为满意的实验结果。

水通过进水阀6不断加入，为了保持水位恒定和避免波动，水由进口管先流入进水槽5，而后溢流而出，其中，多余的水经水箱的溢流口泄入下水道中。玻璃试验管2呈水平位

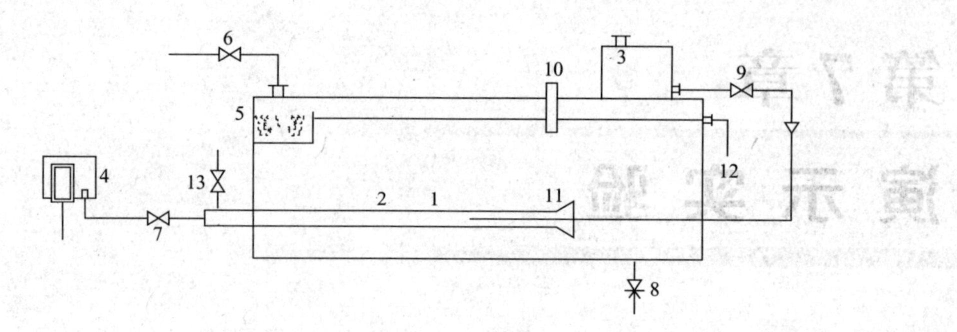

图 1 雷诺实验装置图

1—水箱；2—玻璃试验管；3—颜色水瓶；4—细缝流量计；5—进水槽；
6—进水阀；7—出口阀；8—排水阀；9—颜色水旋塞；10—温度计；
11—细钢针头；12—溢流口；13—排水旋塞

置浸没于水箱内，水由扩大口进入玻璃管，经出口阀 7 流入细缝流量计 4 计量，然后泄入下水道。流速由出口阀调节。玻璃瓶 3 内装有红颜色水，它借助于本身的位头经装在玻璃管中心细钢针头 11 注入玻璃管内，由此可观察水在玻璃管中流动的状态。

四、实验参考数据

表 1 为实验参考数据（水温 $t=14$℃）。

表 1 实验参考数据

项目	细缝流量计读数 R /mm	水在管内流速 u /(×10^2m/s)	Re /(×10^{-3})	现象观察记录
1	27	4.8	1.08	一条直线
2	28	7.9	1.82	一条直线
3	42	9.2	2.12	一条直线
4	44	9.6	2.22	直线微动
5	48	11.2	2.58	细线扰动成波状前进
6	53	12.8	2.96	细线螺旋前进
7	64	17.5	4.04	出现断裂、旋涡、混合
8	71	20.0	4.62	断裂、混合、逐渐消失
9	127	43.4	10.0	混合
10	66	18.0	4.16	断裂旋涡、混合
11	51	12.5	2.82	螺旋前进连成线
12	41	8.8	2.03	成一直线
13	38	7.9	1.82	成一直线

实验 14 流体机械能守恒与转化实验

一、实验目的

1. 通过本实验，加深对能量转化概念的理解。

2. 观察流体流经收缩、扩大管段时，各截面上静压头的变化。

二、基本原理

不可压缩的流体在导管中作稳定流动时，由于导管截面的改变致使各截面上的流速不同，而引起相应的静压头的变化，其关系可由流动过程中能量衡算式描述，即

$$z_1g+\frac{u_1^2}{2}+\frac{p_1}{\rho}=z_2g+\frac{u_2^2}{2}+\frac{p_2}{\rho}+\sum h_f \tag{1}$$

对于水平玻璃导管，阻力很小，可以忽略，则上式变为

$$\frac{u_1^2}{2}+\frac{p_1}{\rho}=\frac{u_2^2}{2}+\frac{p_2}{\rho} \tag{2}$$

因此，由于导管截面发生变化引起流速的变化，致使部分静压头转化成动压头，它的变化可由各玻璃管中水柱高度指示出来。

三、实验装置

本实验装置为一高位水箱与水平导管连接的流动系统。水平导管由前后两段 Φ100mm 稳定管和有机玻璃的收缩、扩大管段组成。在两段 Φ100mm 管上各有两个测压点，有机玻璃的收缩、扩大管段上同样各有四个测压点。它们分别与指示屏上相应的 U 形管压强计或玻璃管连接，如图 1 所示。

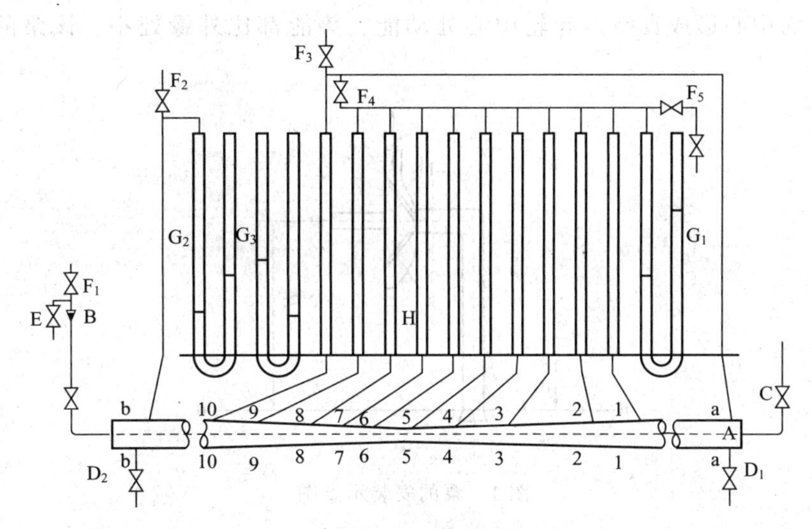

图 1 能量转化实验装置

A—试验导管；B—转子流量计；C—进水阀；D_1，D_2—放水阀；E—出口阀；F—放气阀；G_1—气封压强计；G_2，G_3—a、b 端压强计；H—玻璃单管

各测压点处管子内径：

a-a、1-1、10-10、b-b 截面，	d＝105mm；
2-2 截面，	d_2＝95mm；
3-3 截面，	d_3＝70mm；
4-4 截面，	d_4＝56mm；
5-5、6-6 截面，	d_5、d_6＝26mm；
7-7 截面，	d_7＝43mm；

8-8 截面，　　　　　　　　　　$d_8=65\text{mm}$；

9-9 截面，　　　　　　　　　　$d_9=86\text{mm}$。

由于本实验的水源来自标高约为 6m 的高位水箱，管中的静压强较大，为了满足以玻璃单管测量 1～10 测压点的静压强，在玻璃单管上采用气封装置。当水通过导管时，由于导管截面发生变化引起流速的变化，致使部分静压头转化为动压头。它的变化可由各玻璃管中的水柱高度指示出来，指示标尺的零位距导管中心高为 260mm。

对于流体流经收缩、扩大管段的总压头损失可借助于 a、b 两测压点各自所连接的 U 形管压强计的读数差值来表示。

实验 15　离心泵汽蚀现象演示实验

一、实验目的

1. 观察离心泵产生汽蚀时的现象。
2. 了解汽蚀现象产生的原因和防止方法。

二、基本原理

离心泵能吸取液体，是由于泵的叶轮在电机驱动下做旋转运动，液体由叶轮中心向外缘做径向运动，而中心形成真空。叶轮中心处动能、势能都比外缘处小。该泵的安装如图 1 所示。

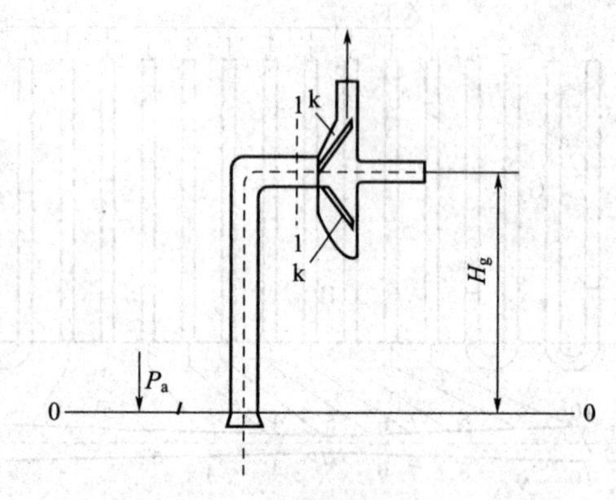

图 1　泵的安装示意图

如果泵输送的是水，那么，由在 0-0、1-1 两截面间列伯努利方程为

$$\frac{p_0}{\rho g}=\frac{p_1}{\rho g}+\frac{u_1^2}{2g}+H_g+\sum h_f \tag{1}$$

在叶轮背面 k 处压力最小，但无法直接计算，由于最低 p_k 必须大于水的饱和蒸气压 p_v，因此，安装高度 H_g 受 p_1 的限制

$$H_g\leqslant\frac{p_0-p_v}{\rho g}-\left(\sum h_{f0-1}+\sum h_{f1-k}+\frac{u_k^2}{2g}\right) \tag{2}$$

所以离心泵的安装高度是有一定限度的

$$H_g=\frac{p_0-p_v}{\rho g}-\sum h_{f0-1}-(\text{NPSH})\text{c} \tag{3}$$

如果考虑到安全安装，泵厂必须提供汽蚀余量 $(NPSH)_r$

$$[H_g]=\frac{p_0-p_v}{\rho g}-\sum h_{f0-1}-[(NPSH)_r+0.5] \tag{4}$$

最低压强 p_k 如果小于水的饱和蒸气压 p_v，液体在叶轮背面大量汽化，产生许多气泡，体积骤然膨胀，扰乱了叶轮入口处液体的流动，当这些气泡随液体进入泵体内的高压区时，又被压缩而突然凝结，这就使周围的液体以极大的速度冲向气泡中心的空间。在这些气泡冲击点产生很高的局部压力，不断冲击着叶轮的表面，使叶轮很快受侵蚀损坏，故称“汽蚀”现象。出现“汽蚀”现象时，产生的大量气泡使泵体发生振动，并发出噪声，同时泵的流量、扬程、效率都明显地下降，危害极大。

三、实验装置

如图 2 所示，汽蚀实验装置是在泵的进口管线上加设一闸门阀，借以增加泵的吸入管线阻力 $\sum h_f$，来改变泵入口处的压力。随着闸门逐渐关小，泵口压力 p_1 就逐渐减小，泵口的真空度逐渐增大，当到某一临界点时，叶轮背面压力最低处就会发生液体汽化现象，这时就能观察到离心泵的汽蚀现象。

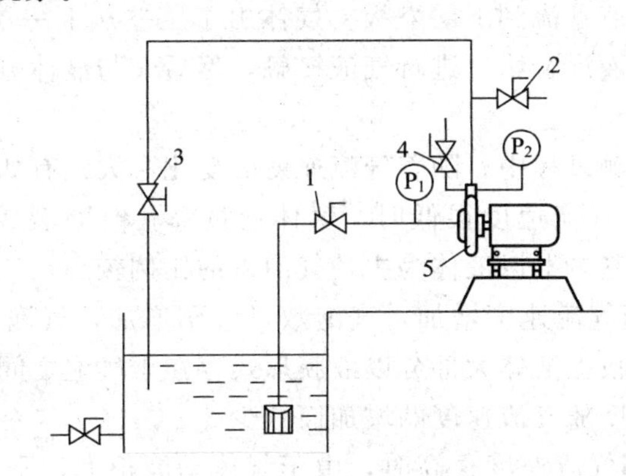

图 2　离心泵汽蚀实验装置

1—进口阀；2—引水阀；3—调节阀；4—排气阀；5—玻璃泵

四、实验步骤

（1）准备工作

① 用手盘动离心泵的轴，检查是否转动轻松。

② 检查泵进口处的阀门 1 应完全打开，出口阀 3 应关闭。

（2）操作步骤

① 打开引水阀，往泵体内注水，同时打开泵上方的排气阀 4；

② 待泵内注满水时，关闭引水阀，并立即开动电机；

③ 打开离心泵的出口阀门，使泵正常工作；

④ 慢慢地关闭泵进口阀 1，当真空表读数达到 700mmHg 时，要细心地观察玻璃泵口和压力表的变化，当真空度约 730～750mmHg 时就有大量气泡形成，并且压力表指针明显不稳，说明汽蚀现象已开始了。此时，再不能关小进口阀，否则要造成泵的损坏，操作要特别小心；

⑤ 实验结束，断开电机开关，打开泵进口阀 1，关闭出口阀 3。

实验 16　板式塔流体力学现象演示实验

一、实验目的

1. 观察筛板塔正常操作时塔板上气液两相的接触状况，同时观察不正常的流动——漏液、雾沫夹带及液泛现象，并与装在同一塔内的无溢流管筛板塔进行比较。

2. 观察浮阀塔漏液情况，浮阀的浮升程度与气流的关系，并与泡罩塔作比较。

二、基本原理

1. 气液接触状态

塔板上气液接触，塔内气液流动，都与塔板上的流体力学有关。为了研究塔板上流体力学，一般用空气-水体系，在冷模装置上进行实验，观察塔板上气液的接触情况。操作时，液体在重力作用下从上层塔板经降液管流到下层塔板，与塔板上的上升气体形成错流接触。每层塔板上都装有一定高度的出口堰，液体在塔板上保持着一定的高度，保证一定的气液接触时间，然后越过堰从降液管流到下层塔板。气体由于压差从下一层塔板经筛孔（或阀孔）上升，穿过液层，形成气液混合物，进行气液接触，然后又与液体分开，继续上升到上一层塔板。

一般说来，在气液接触过程中，随着气流速度的变化，大致有如下三种状态。

① 鼓泡接触状态　当气流速度很低时，气体通过筛孔时断裂成气泡在板上层中浮升，这时，形成的气液混合物基本上以液体为主，气泡占的比例较小，气液接触面积不大。

② 泡沫接触状态　当气流速度增加，气泡数量急剧增加，气泡表面连成一片并且不断发生合并与破裂时，此时板上液体大部分以液膜形式存在于气泡之间，仅在靠近塔板表面处才能看到清液，清液层高度随气流速度的增加而减少。

③ 喷射接触状态　当气流速度很高时，由于气体动能很大，不能形成气泡，而把液体喷成液滴，被气流抛起，直径较大的液滴因为重力作用又落到塔板上，直径较小的液滴容易被气流带走形成液沫夹带，这种气液接触状态称为喷射状态。在喷射状态下，气流速度很大，液体分散较好，对传质传热是有利的，但如果产生过量液沫夹带，会影响和破坏传质过程。工业上设计时，气液接触状态都采用第②和第③种状态。

2. 不正常流体力学现象

塔板上的不正常流体力学现象有漏液、过量液沫夹带、液泛等。

一般情况下，气体和液体不能同时通过同一个筛孔，当塔在低气速操作状态时，气体不能全部通过塔板抵消板上液层的重力，因此液体将会穿过塔板上的部分孔往下漏，即产生漏液现象。

液沫夹带是指液滴被气流从一层塔板带到上一层塔板，引起浓度返混的现象，液沫夹带通常在高气速时产生。和漏液现象一样，液沫夹带也是无法避免的，但都不能太严重，工业设计往往以10%为上限。

当塔板上液体量很大，上升气体速度很高，塔板压降很大，液体来不及从溢流管向下流动，于是液体在塔板上不断积累，液层不断上升，使整个塔板空间都充满气液混合物，此即为液泛现象。液泛发生后完全破坏了气液的总体逆流操作，使塔失去分离效果。

三、实验装置

本实验装置由直径为Φ200mm、高为200mm的四个有机玻璃塔节及两个封头组成的塔身，鼓风机，气、液转子流量计和相应的管线，阀门等部件构成，共有两套，每一套有四块塔板。甲套装浮阀塔板和泡罩塔板各两块，乙套装筛板和无溢流管筛板各两块。浮阀为FI型标准浮阀，筛板孔径为3mm，无溢流管筛板孔径为6mm，降液管均为直径为Φ25mm的圆管。

四、实验操作

操作前先开空气系统，并逐渐加大空气量，然后塔内供水，并维持某一恒定值，观察气液在塔板上的接触情况。

附　录

附录1　实验室安全规章制度

一、实验室安全管理规定

为了维护实验室安全、稳定、文明的良好秩序，保护全体师生员工的生命和国家财产的安全，保障实验教学和科研工作的正常开展，根据学校相关规章制度，特制定本实验室的安全管理规定。

1. 安全责任制

切实落实实验室用房专人负责制度。各用房负责人对所辖用房的安全负责，做到每日一查。实验室主任对整个教学实验室的安全负责，做到每周一查。实验室安全员应随时了解和掌握教学实验室的安全状态，发现问题及时解决，重大问题及时向实验室主任汇报，实验室主任有责任对教职工定期进行安全教育，并按照学校的实验室安全规章制度要求对实验室安全进行全程管理。

2. 学生安全管理规定

学生（包括本科生、硕士生、博士生）进入实验室学习或参与科研活动，必须接受安全教育，通过安全知识考核，熟悉实验室安全事故应急预案，熟悉实验室安全设施的性能用途和正确的使用方法，并经学院、室和指导教师签字确认后方可进入实验室。

3. 日常管理规定

保持实验室水、电、煤气设施和门窗、仪器及实验装置的完好且运转正常，如有损坏及时修理，防止发生意外。实验结束后检查水、电、煤气确保关闭。

4. 实验药品管理规定

实验药品、试剂、溶剂等应归类存放，登记在案。存放点应符合安全要求，应配备必要的适用消防器材和防护用品，所有化学品容器应有商品标签和安全标识，同时配有化学品安全技术说明书（MSDS）。领用易燃、易爆或有毒药品等要有专人负责，严格控制领用数量，实验项目结束后及时做善后处理。一般情况下，教学实验室不存放剧毒或易燃化学品。

5. 安全禁令

闪点较低的易燃、易爆药品、溶剂禁止贮存于非防爆型冰箱，药品、溶剂或含有溶剂的试剂禁止放入烘箱操作。存有易燃、易爆化学品和特种气体钢瓶的实验室要严禁明火，应在醒目位置标识严禁烟火的标记。

6. 事故应急措施要求

对科学实验或新工艺的研究，尤其是要使用危险性较大的高压、高温设备时，应充分估计可能发生的意外，应预先制定有效的防火、防爆和紧急医疗救治的措施。

7. 安全申报制度

对新建实验项目或者对现有项目工艺更改，实行安全申报制度。项目负责人要提供实验过程的安全分析报告，针对潜在的危险性，要制定相应的安全制度、操作规范、意外事故应急措施，其中包括防止环境污染的应急措施，在实验安全条件充分的前提下方可开展实验研究工作。

二、实验室学生实验守则

（一）实验与安全

1. 学生进入实验室前，必须参加实验室组织的安全教育，参加安全知识考试，考试合格后方可准许进行实验操作。

2. 学生实验前必须进行充分预习，了解实验目的、实验原理、实验方法和实验步骤。实验前接受现场安全培训，了解实验操作过程中的潜在风险，掌握实验安全操作规程，并签字确认。

3. 实验过程中要集中精神、严肃操作、细心观察、认真思考、如实记录，做到一丝不苟、有条不紊。

4. 将实验数据交指导教师检查确认后方可停止实验，并按操作规程依次关闭仪表和设备，清理实验药品和器材，及时处理废液或废渣，最后填写“实验操作记录册”。

（二）实验与纪律

1. 学生进入实验室时要穿专用实验防护服，严禁穿短裤、裙子等不能对身体起到良好防护作用的衣装，严禁穿拖鞋、布鞋、高跟鞋以及不能遮盖整个脚背的鞋子，头发长度达到肩膀的必须紧束。

2. 实验中要按照实验操作规程佩戴个人防护用品，例如防护眼镜、手套等。

3. 不得无故缺席，对迟到或早退或擅自中间离岗超 10min 者，取消当次实验资格。

4. 实验中严禁吸烟、进食，不得随地吐痰、乱放杂物，不得看小说、杂志，不得戴耳机听音乐，不得打闹、大声喧哗。

5. 爱护实验仪器设备，未经指导教师同意，不得动用实验室内其他实验仪器设备。实验中如有人为损坏仪器的情况，应及时报告指导教师，并视实际情况按规定赔偿。

6. 实验结束后，整理好实验台桌，清扫卫生，检查水、电、钢瓶等设施开关并确认关闭，关闭门窗并确认安全方能离开实验室。

三、学生安全教育卡

学院名称：　　　　　　　　专业名称：　　　　　　　　年级：

姓名		性别		年龄		籍贯		学历	
导师姓名		本人家庭住址							
学校、学院安全教育内容	1. 安全工作方针、政策、法律法规。 2. 学校、学院安全工作各项规章制度。 3. 本学院安全工作及实验室特点。 4. 一般消防知识。 5. 学校、学院安全工作正反两方面经验教训。 教育者签名 年　月　日					被教育者签名 年　月　日			
专业安全教育内容	1. 本专业实验室环境安全、设备性能特点。 2. 本专业实验室安全管理各项规章制度。 3. 本专业实验室安全防护、灭火器材等配备情况、使用注意事项及安全防护职责范围。 教育者签名 年　月　日					被教育者签名 年　月　日			
导师（岗位）安全教育内容	1. 课题研究内容所涉及的安全知识、安全操作规程。 2. 实验过程中所使用的设备、装置安全防护要求，实验过程中可能发生的问题及注意事项。 3. 新项目、新材料、新工艺、新技术、新设备实验安全知识及个人防护措施。 教育者签名 年　月　日					被教育者签名 年　月　日			
教育考核时间		考核成绩		考核负责人签名					
备注	备注栏填写调岗后教育、事故记录或奖惩记录								

附录2　涉用化学品安全信息说明

《化学品安全技术说明书》（Material Safety Data Sheet，MSDS）是国际上通用的有关化学品安全信息说明的文件。MSDS中的主要内容包括化学品生产商和进口商阐明的化学品的理化特性（如pH值、闪点、易燃度、反应活性等）、对使用者的健康可能产生的危害（如致癌、致畸等）、化学品的安全使用和保存方法、出现危机事故时的应急处理措施等。

附录2摘录了丙酮、乙醇95%和煤油三种化学品的部分MSDS。

一、丙酮

1. 化学品标识信息

化学品中文名称：丙酮；

化学品英文名称：Acetone；

化学品分子式：C_3H_6O；

分子量：58.08。

2. 危险性概述

危险性类别：易燃液体。

侵入途径：吸入、食入、皮肤/眼睛接触。

健康危害：轻微中枢神经抑制剂，高浓度蒸气可能引起头痛、恶心、头晕、嗜睡、动作不协调和精神混淆、眼睛刺激、吞食或呕吐时可能倒吸入肺部等症状。

主要症状：头痛、虚弱、困倦、恶心、酒醉感、呕吐、虚脱、昏迷、皮肤脱脂、皮肤炎、方位感障碍。

浓度高于 200μg/g 可能造成嗜睡、恶心、呕吐、酒醉感及头晕。

环境危害：丙酮在有氧及无氧状态下均会迅速生物分解，但高浓度丙酮对微生物有毒。

燃爆危险：液体和蒸气易燃。其蒸气比空气重，会传播至远处，遇火可能造成回火。

3. 急救措施

皮肤接触：以清水缓和冲洗受污染部位 5min 或直到污染物除去。

眼睛接触：立即提起眼睑，用大量流动清水彻底冲洗。就医。

吸入：迅速脱离现场至空气新鲜处，若持续不适需立刻送医。

食入：①若患者即将丧失意识或失去意识或痉挛，勿经口喂食任何东西。②若患者意识清楚让其用水彻底漱口。③切勿催吐。④让患者喝下 240～300mL 的水。

4. 消防措施

危险特性：①液体极易燃，室温下可能被引燃。②蒸气比空气重会传播至远处，遇火可能造成回火。③会累积在封闭地区。④火场中的容器可能会破裂、爆炸。⑤即使被水稀释也有可能被引燃。

有害燃烧产物：一氧化碳、二氧化碳。

灭火方法及灭火剂：抗溶性泡沫、干粉、二氧化碳、砂土。

灭火注意事项：没有配备化学防护衣和供氧设备请不要待在危险区。尽可能将容器从火场移至空旷处。喷水保持火场容器冷却，直至灭火结束。防止化学品进入地表水和地下水。

5. 操作处置与储存

操作注意事项：远离火源。采取措施防止静电聚集。

储存注意事项：储存于阴凉、通风仓间内。温度保持在 15～25℃。保持容器密封。远离火源，热源。

6. 废弃处置

废弃物性质：危险废物。

废弃方法：对化学品残存物的处置没有统一的国家法规。化学残存物一般作特殊废物。处置前应参阅国家和地方有关法规。建议联系相关机构或认可的废物处置公司。

包装：处置前应参阅国家和地方有关法规。用与处理污染物同样的方法来处理污染的包装。如果没有特别规定，未污染的包装可作家庭废物对待或再循环使用。

二、乙醇 95%

1. 化学品标识信息

化学品中文名称：乙醇 95%；

化学品英文名称：Ethyl alcohol 95%；

化学品分子式：C_2H_6O；

分子量：46.07。

2. 危险性概述

危险性类别：易燃液体。

侵入途径：吸入、食入、经皮吸收。

健康危害：本品为中枢神经系统抑制剂。首先引起兴奋，随后抑制。

急性中毒：急性中毒多发生于口服。一般可分为兴奋、催眠、麻醉、窒息四阶段。患者进入第三或第四阶段，出现意识丧失、瞳孔扩大、呼吸不规律、休克、心力循环衰竭及呼吸停止。

慢性影响：在生产中长期接触高浓度本品可引起鼻、眼、黏膜刺激症状，以及头痛、头晕、疲乏、易激动、震颤、恶心等。长期酗酒可引起多发性神经病、慢性胃炎、脂肪肝、肝硬化、心肌损害及器质性精神病等。皮肤长期接触可引起干燥、脱屑、皲裂和皮炎。

燃爆危险：易燃。

3. 急救措施

皮肤接触：立即脱去被污染的衣着，用大量流动清水冲洗。

眼睛接触：立即提起眼睑，用大量流动清水彻底冲洗。就医。

吸入：迅速脱离现场至空气新鲜处。

食入：让患者饮用大量水。催吐。就医。

4. 消防措施

危险特性：易燃，其蒸气与空气可形成爆炸性混合物。遇明火、高热能引起燃烧爆炸。与氧化剂接触发生化学反应或引起燃烧。在火场中，受热的容器有爆炸危险。其蒸气比空气重，能在较低处扩散到相当远的地方，遇明火会引着回燃。

有害燃烧产物：一氧化碳、二氧化碳。

灭火方法及灭火剂：抗溶性泡沫、干粉、二氧化碳、砂土。

灭火注意事项：没有配备化学防护衣和供氧设备请不要待在危险区。尽可能将容器从火场移至空旷处。喷水保持火场容器冷却，直至灭火结束。防止化学品进入地表水和地下水。

5. 操作处置与储存

操作注意事项：远离火源。采取措施防止静电聚集。

储存注意事项：储存于阴凉、通风仓间内。温度保持在 15～25℃。保持容器密封。远离火源，热源。

6. 废弃处置

废弃物性质：危险废物。

废弃方法：对化学品残存物的处置没有统一的国家法规。化学残存物一般作特殊废物。处置前应参阅国家和地方有关法规。建议联系相关机构或认可的废物处置公司。

包装：处置前应参阅国家和地方有关法规。用与处理污染物一样的方法来处理污染的包装。如果没有特别规定，未污染的包装可作家庭废物对待或再循环使用。

三、煤油

1. 化学品标识信息

化学品中文名称：煤油；化学品俗名或商品名：火油、灯油、灯用煤油；

化学品英文名称：Kerosene。

2. 危险性概述

危险性类别：高闪点易燃液体。

侵入途径：吸入、食入、经皮吸收。

急性中毒： 吸入高浓度蒸气，常先兴奋，后转入抑制，表现为乏力、头痛、酩酊感，神志恍惚，肌肉震颤，共济运动失调，严重者出现定向力障碍。谵妄，意识模糊等。蒸气可引起眼及上呼吸道刺激症状。吸入液态煤油可引起吸入性肺炎，口服摄入引起口腔、咽喉和胃肠道刺激症状。

慢性影响： 神智衰弱症候群为主要表现，还有眼及呼吸道刺激症状，接触性皮炎、干燥等皮肤损害。

环境危害： 对环境有危害，对大气可造成污染。

燃爆危险： 其蒸气与空气形成爆炸性混合物，遇明火、高热能引起燃烧爆炸。与氧化剂能发生强烈反应。

3. 急救措施

皮肤接触： 脱去污染的衣着，用肥皂水及清水彻底冲洗。就医。

眼睛接触： 立即翻开上下眼睑，用流动清水或生理盐水冲洗至少15min。就医。

吸入： 迅速脱离现场到空气新鲜处，保持呼吸通畅。呼吸困难时给输氧。呼吸停止时，立即进行人工呼吸。就医。

食入： 误服者立即漱口，饮足量温水，尽快洗胃。就医。

4. 消防措施

危险特性： 其蒸气与空气可形成爆炸性混合物，遇明火、高热能引起燃烧爆炸。与氧化剂可发生反应。流速过快，容易产生和积聚静电。其蒸气比空气重，能在较低处扩散到相当远的地方，遇火源会着火回燃。若遇高热，容器内压增大，有开裂和爆炸的危险。

有害燃烧产物： 一氧化碳，二氧化碳。

灭火方法及灭火剂： 泡沫、二氧化碳、干粉、砂土。

灭火注意事项： 消防人员须佩戴防毒面具、穿全身消防服，在上风向灭火。尽可能将容器从火场移至空旷处。喷水保持火场容器冷却，直至灭火结束。处在火场中的容器若已变色或从安全泄压装置中产生声音，必须马上撤离。灭火剂：雾状水、泡沫、干粉、二氧化碳、砂土。用水灭火无效。

5. 操作处置与储存

操作注意事项： 密闭操作，全面通风。操作人员必须经过专门培训，严格遵守操作规程。建议操作人员佩戴自吸过滤式防毒面具（半面罩），戴化学安全防护眼镜，穿防静电工作服，戴橡胶耐油手套。远离火种、热源，工作场所严禁吸烟。使用防爆型的通风系统和设备。防止蒸气泄漏到工作场所空气中。避免与氧化剂接触。灌装时应控制流速，且有接地装置，防止静电积聚。搬运时要轻装轻卸，防止包装及容器损坏。配备相应品种和数量的消防器材及泄漏应急处理设备。倒空的容器可能残留有害物。

储存注意事项： 储存于阴凉通风仓间内。远离火源、热源。仓温不宜超过30℃。防止阳光直射，包装要求密封，不可与空气接触。应与氧化剂分开储运。储存间内通风、照明设施应采用防爆型。配备相应品种和数量的消防器材。储罐时要有防火、防爆技术措施。禁止使用易产生火花的机械设备和工具，灌装要注意控制流速，防止产生和积聚静电，搬运时轻装轻卸，防止容器损坏。

6. 废弃处置

废弃物性质： 危险废物。

废弃处置方法： 用砂土或其他不燃性吸附剂混合吸收，运输至废物处理场处置。也可以在保障安全的情况下就地燃烧。

参 考 文 献

1. 陈敏恒，丛德滋，方图南，等. 化工原理. 第 4 版. 北京：化学工业出版社，2015.
2. 陈敏恒，方图南，丛德滋. 化工原理教与学. 北京：化学工业出版社，1996.
3. 陈同芸，瞿谷仁，吴乃登. 化工原理实验. 上海：华东理工大学出版社，1993.
4. 曲德林. 化工过程工程工业实践. 曾宪舜译. 北京：清华大学出版社，1985.
5. 江体乾. 化工数据处理. 北京：化学工业出版社，1984.
6. 朱中南，戴迎春. 化工数据处理与实验设计. 北京：烃加工出版社，1989.
7. 陈敏恒，潘鹤林，齐鸣斋. 化工原理教学指导与内容精要. 北京：化学工业出版社，2017.
8. Montgomery D C. Design and Analysis of Experiment. NewYork：Wiley，1976.
9. 项可风，吴启光. 实验设计与数据处理. 上海：上海科学技术大学出版社，1997.
10. 王磊，王学仁，孙文爽. 实验设计基础. 重庆：重庆大学出版社，1997.
11. 栾军. 现代实验设计优化方法. 上海：上海交通大学出版社，1995.
12. 何晓群，闵素芹. 实用回归分析. 北京：高等教育出版社，2014.
13. Perry R H，Chilton C H. Chemical Engineering's Handbook 5th ed. McGraw-Hill，1973.
14. 朱开宏. 化工过程流程模拟. 北京：中国石化出版社，1993.
15. 翟国栋. 误差理论与数据处理. 北京：科学出版社，2016.
16. 丁振良. 误差理论与数据处理. 哈尔滨：哈尔滨工业大学出版社，2015.
17. 费业泰. 误差理论与数据处理. 北京：机械工业出版社，2015.
18. 周爱月，李士雨. 化工数学. 北京：化学工业出版社，2011.
19. 范金燕，袁亚湘. 非线性方程组数值方法非线性方程组数值方法. 北京：科学出版社，2018.
20. 林玉蕊. 数值计算方法. 北京：中国林业出版社，2017.
21. 宋怀俊. 化工数学. 郑州：郑州大学出版社，2006.
22. 陈忧先. 化工测量及仪表. 北京：化学工业出版社，2010.
23. 沈怀洋. 化工测量与仪表. 北京：中国石化出版社，2011.
24. 苏彦勋. 流量计量与测试. 北京：中国计量出版社，1992.
25. 王魁汉. 温度测量实用技术. 北京：机械工业出版社，2007.
26. 戴干策，陈敏恒. 化工流体力学. 北京：化学工业出版社，1988.
27. 机械工程手册编辑委员会. 机械工程手册. 泵真空泵. 北京：机械工业出版社，1997.
28. 化学工程手册编辑委员会. 化学工程手册. 液固分离. 北京：化学工业出版社，1988.
29. King C J. Separation Processes. New York：McGraw-Hill，1980.
30. Holland，C D. Fundamentals of Multicomponent Distillation. McGralw-Hill，1981.
31. 叶振华. 化工吸附分离过程. 北京：中国石化出版社，1992.
32. 时钧，汪家鼎，余国综，等. 化学工程手册. 第 2 版. 北京：化学工业出版社，1996.
33. Basmadjian D. Little adsorption book. CRC Press Inc. 1997.
34.（日）北川浩，铃木谦一郎. 吸附的基础和设计. 鹿政理译. 北京：化学工业出版社，1983.
35. 孙兰义. 化工流程模拟实训. 北京：化学工业出版社，2014.
36. 张洪源，丁绪淮，顾毓珍. 化学工业过程及设备上下册. 北京：高等教育出版社，1959.
37. 武汉水利学院. 水力学. 北京：人民教育出版社，1979.